流体—土—地下结构的双尺度动力分析方法研究

金炜枫 著

ZHEJIANG UNIVERSITY PRESS
浙江大学出版社

图书在版编目(CIP)数据

流体-土-地下结构的双尺度动力分析方法研究/金炜枫著. —杭州：浙江大学出版社，2016.5
ISBN 978-7-308-15931-9

Ⅰ.①流… Ⅱ.①金… Ⅲ.①土木工程—动力学分析—分析方法—方法研究 Ⅳ.①TU43

中国版本图书馆 CIP 数据核字（2016）第 123482 号

流体-土-地下结构的双尺度动力分析方法研究

金炜枫 著

责任编辑 赵黎丽
责任校对 陈慧慧 丁佳雯
封面设计 杭州林智广告有限公司
出版发行 浙江大学出版社
（杭州市天目山路 148 号 邮政编码 310007）
（网址：http://www.zjupress.com）
排　　版 杭州林智广告有限公司
印　　刷 杭州日报报业集团盛元印务有限公司
开　　本 710mm×1000mm 1/16
印　　张 8.75
字　　数 135 千
版 印 次 2016 年 5 月第 1 版 2016 年 5 月第 1 次印刷
书　　号 ISBN 978-7-308-15931-9
定　　价 45.00 元

浙江大学出版社发行中心联系方式：(0571) 88925591;http://zjdxcbs.tmall.com

前　言

目前对流体-土-地下结构耦合体系的研究主要基于连续体模型。近年来出现用离散颗粒模拟土体试图从细观层面研究土体的力学行为和用流体-离散颗粒耦合模型模拟液化现象，但受离散颗粒数量和计算机性能的限制，很难在全域上采用离散颗粒模拟土体的力学行为，另外已有的流体-离散颗粒耦合模型采用固定的流体网格，难以考虑流体-土-地下结构耦合体系所伴随的流体边界移动问题。而最近发展起来的固体离散-连续耦合方法还不能与流体耦合。针对这些问题，作者通过改进固体离散-连续双尺度耦合动力算法，建立适宜边界网格移动的流体方程和构建相应的流固耦合框架，提出了流体-土-地下结构的双尺度动力分析方法。

本书的内容是作者关于流体-土-地下结构双尺度动力分析方法的研究成果，整体安排如下：

第1章是绪论，主要讲述现有双尺度土体模拟方法的研究进展以及存在的问题。

第2章介绍固体离散-连续双尺度耦合动力算法的有关研究工作，包括作者构建的耦合优化模型，并基于双尺度方法求解了隧道振动的小应变问题和地震中地下结构坍塌的大变形问题。

第3章介绍流体-离散颗粒耦合动力分析方法的有关研究工作，包括作者构建的流体方程和适用于流固耦合问题的伺服围压算法，并进行了流体-离散颗粒耦合的循环双轴液化数值试验。

第4章介绍流体-土-地下结构的双尺度动力分析方法的有关研究工作，包括作者提出的流体与离散-连续固体的耦合框架，以及将Finn宏观液化模型引入流体动量守恒方程的方法，并模拟了地震中地下结构和土体响应的离心机试验。

感谢我的导师周健教授对我研究工作的指导和帮助！

本书的研究工作得到了国家自然科学基金（"强震液化过程中流体与离散颗粒-连续土体及结构耦合的双尺度方法研究"，批准号：51408547）和浙江省自然科学基金（"地震作用下水-土-地下结构耦合体系的双尺度方法研究"，批准号：LQ14E080009）的资助，在此表示感谢！

限于作者水平，书中难免有不足之处，敬请批评指正。

金炜枫

2015年11月5日于浙江科技学院

目　　录

第1章 绪 论

1.1 概 述

目前,对流体-土-地下结构耦合体系的研究主要基于连续体模型。近年来,出现了用离散颗粒模拟土体试图从细观层面研究土体的力学行为,并且发展了流体-离散颗粒耦合模型;但是这个模型采用空间固定的流体网格,难以考虑流体-土-地下结构耦合体系所伴随的流体边界移动问题。另外,受离散颗粒数量和计算机性能的限制,很难在全域上采用离散颗粒模拟土体的力学行为。为此,人们发展了固体离散-连续耦合方法,但目前这一方法没有与流体耦合。针对这些问题,本书通过改进固体离散-连续双尺度耦合动力算法、建立适宜边界网格移动的流体方程和构建相应的流固耦合框架,提出流体-土-地下结构的离散-连续耦合动力分析方法,以从细观层面对流体-土-地下结构动力耦合体系进行精细化研究。

本书研究的意义在于为流体-土-地下结构动力耦合效应的研究提供一种新的方法,即不仅考虑流体-土-地下结构耦合体系中的流体移动边界问题,而且可以从细观尺度上模拟关心区域土体的细观特性以及结构与土的非连续接触作用,同时能有效减小离散元模拟规模。

1.2 固体离散-连续双尺度方法发展现状

1.2.1 离散元方法的发展现状及发展双尺度方法的原因

在离散颗粒的细观尺度上建模，可以在细观机理上模拟颗粒材料的力学行为。对于建立离散颗粒接触碰撞模型，尽管目前的计算模拟理论可以做到非常精细有效，例如基于有限元方法，两个碰撞的颗粒可以划分足够精细的网格，其边界上可以设置接触单元，材料可以是弹性、超弹性或塑性等，但是在离散颗粒模拟中，首要的问题是要有足够多的颗粒来组成数值试样，在颗粒上细分网格加大了计算量，限制了颗粒模拟规模。所以简化的颗粒接触碰撞模型虽然出现较早，但可以模拟较多数量的颗粒，是现在模拟离散颗粒材料的主流方法。

Cundall 和 Strack[1] 给出颗粒集合体的离散元模型（discrete element method，DEM），该模型中颗粒用二维圆盘模拟，应用牛顿第二定律控制单个颗粒的运动，以两个圆盘的相互重叠量计算颗粒间的相互作用力。这是一种简化的碰撞接触问题，其优势在于能获得较多数量的颗粒以组成数值试样。为获得非圆颗粒，有用圆颗粒联结组成非圆颗粒[2—4]、椭圆颗粒[5—11]、多边形颗粒[12,13]。离散元的运动方程虽然简单，但接触模型的变化也会导致计算时步的不同，较小的时步也增加了模拟时间。另外，颗粒的接触位置判断需要耗费大量的时间。接触模型及其研究进展参见文献[14—17]，颗粒接触搜索方法参见文献[18—20]。

目前，基于离散元模拟离散颗粒材料，由于计算机能力的限制，颗粒的模拟数量往往难以满足要求，这促使人们寻找减少离散元模拟规模的有效途径，例如，通过双尺度方法来减少离散元模拟规模。

1.2.2 固体离散-连续耦合方法发展现状

固体离散-连续耦合是一个双尺度问题，其目的在于衔接离散颗粒的细观尺度和连续固体的宏观尺度。在离散颗粒细观尺度上直接模拟固体的力学行为，有助于在离散颗粒尺度上理解其机理；但是受计算机硬件限制，离散颗粒的计算规模受到极大限制。发展固体离散-连续耦合多尺度方法的动力，很大程度上源自减少细观尺度上计算量的需求。

目前，主要有三类多尺度耦合问题，分述如下。

第一类是基于小参数摄动展开的均匀化方法(homogenization method)。在跨尺度衔接理论中，该方法是最为严格的。其唯一的假设是周期性假设，即宏观固体是由细观单胞周期性堆积而成。在固体微结构是固定的问题上，基于摄动展开的均匀化方法获得了极大的成功。在其推导得到的结论中，既可以从具体微结构的细观尺度上建立材料宏细观属性的联系，也可以得到应力等变量在细观尺度的局部涨落。对于离散颗粒材料，人们试图应用这一类方法建立细观与宏观的联系[21—27]。但是对于离散颗粒材料，目前均匀化方法仍没有建立至具体离散颗粒尺度，其难点在于颗粒有相互滚动的状态，这也是将离散元引入均匀化方法的障碍。

第二类方法是在全域上用连续模型，同时，在连续模型各单元上用离散元模拟得到宏观模型所需参数。但目前这类方法只能实现数据的单向传输，即只能单向地将离散元的计算结果输出至连续模型中，从而实现跨尺度衔接[28—30]。

第三类方法是在关心区域用离散颗粒模拟，远离关心区域用连续体模拟，在离散-连续耦合边界上须保证连续性。这时，连续体更像是一种边界条件。对于离散颗粒材料，能实现离散-连续耦合边界上连续性的方法较少，主要原因在于离散颗粒模拟中须考虑颗粒的相互滚动摩擦，这给耦合边界上的跨尺度衔接设置了障碍。目前，一类行之有效的方法是：在每一时步的动力分析中，保证耦合边界上力和速度的连续性[31—33]。其基本思想为：①连续模型在耦合边界上的速度作为离散颗粒的速度；②离散颗粒对耦合边界的接触力作为连续模型的力边界。其本质是：在耦合边界上交换离散和连续模型的力和速度，从而保证连续性。

对于上述的三类方法，其中基于摄动展开的均匀化方法计算量少，适用于弹性或局部损伤问题，但不适用于断裂或大变形情况；全域上用连续模型，连续模型各单元所需计算参数由离散元模拟得到，目前，这类模型只能实现由离散模型向连续模型传输数据，还无法实现离散-连续的双向耦合；关心区域用离散颗粒模拟，其他区域用连续体模拟，宏细观耦合边界上保证连续性，在离散颗粒区域可以考察关心区域的细观特性，同时，有效减小离散元模拟规模，以节省计算时间。

1.3 流体方程

1.3.1 实现流体微分方程有限元离散后稳定的方法

流体质量守恒方程和动量守恒方程的离散，包括空间离散和时间离散。早期的空间离散采用有限差分方法，其后出现了有限元方法及无网格方法。流体微分方程离散后的对流项矩阵是非对称的，这种非对称性造成标准Galerkin离散流体方程形成的有限元形式并不是方程的最近似解，并且此时得到的数值解在空间上可能有虚假振荡[34]，Zienkiewicz等[35]也将这种对流项矩阵的非对称性称为非自伴随性(non-self-adjoint)。

由于流体方程中矩阵的非对称性(非自伴随性)，在有限元方法中，用标准Galerkin方法离散流体质量守恒和动量守恒方程时，须选择合适的流速形函数和压强形函数的组合，以使有限元离散后满足稳定性条件；这时得到的数值解在空间上不会有虚假振荡。从数学框架上明确流速和压强形函数的可行组合，参见文献[36,37]；在有限元的数学理论中，这组成了著名的Babuska-Brezzi限制条件[38]。Zienkiewicz等[39]给出了分片试验，通过了分片试验的流速和压强形函数的组合，可以应用于流体微分方程的标准Galerkin有限元离散；Zienkiewicz和Taylor[40]再次对分片试验的收敛性、有效性和误差估计进行了测试。一般情况下，基于等低阶流速和压强形函数的组合，用标准Galerkin方法离散流体微分方程，是无法回避此限制条件的，其结果是导致压强的虚假数值振荡。非等阶的流速和压强形函数组合，增加了离散流体微分方程和实现流体网格移动的困难。

对于瞬态流动问题，目前应用较广的主要有两类行之有效的方法，可以让等低阶的流速和压强形函数直接应用于标准Galerkin方法离散流体微分方程的过程中。

其中一类的基本思想是：在Galerkin离散过程中，对于加权余量法的权函数增加扰动项，有时扰动项取摄动项。这类方法以广泛应用的流线迎风Petrov-Galerkin(streamline upwind/Petrov-Galerkin，SUPG)方法为代表，也包括Galerkin最小二乘法(Galerkin least squares，GLS)等。Brooks和

Hughes[34]针对对流项占主导的不可压缩 Navier-Stokes 方程，提出了 SUPG 方法。这种方法具有传统迎风(upwind)方法的优点，却没有人工扰动标准的限制，其标准 Galerkin 权函数增加了流线迎风的摄动项。Hughes 等[38]针对等阶流速和压强形函数的 Stokes 流，给出了避免 Babuska-Brezzi 限制条件的 Petrov-Galerkin 方法。Hughes 等[41]针对线性对称多维对流扩散系统给出 SUPG 形式的有限元法。Hughes 等[42]还针对压强和流速的任意形函数组合，给出了对称的有限元形成方法。Hughes 等[43]针对对流扩散问题给出了 Galerkin 最小二乘法，这是一种从概念上简化的 SUPG 方法。Hughes[44]针对可压缩的 Navier-Stokes 方程中 SUPG 方法的进展及应用进行了评述。在多尺度问题中，流速和压强形函数应用于 Galerkin 方法离散流体方程的稳定性问题参见文献[45—47]。流体问题中，这种在权函数中增加摄动扰动项的方法不仅在传统有限元中得到广泛应用，还在浸入式有限元方法(immersed finite element method，IFEM)[48]、扩展有限元方法(extended finite element method，X-FEM)[49]、无网格再生核粒子方法(reproducing kernel particle method，RKPM)[48,50,51]中，得到了广泛应用。

另一类是基于特征线的分离(characteristic-based split，CBS)[52,53]算法，该算法融合了分离(split)算法和特征线 Galerkin 方法(characteristic Galerkin method)。不同于上文提及的第一类方法，CBS 算法不在加权余量法的权函数中增加摄动项，而是直接对流体的控制微分方程进行分离，分离后的微分方程可以直接用标准 Galerkin 离散。CBS 算法中，流体方程的分离过程中保留了一个时间步长的二次方项，以保证压强在空间不产生虚假振荡[35]。CBS 算法已包括在时域上的离散，分离流体方程得到的微分方程可以用有限元或无网格法等在空间离散。经 CBS 算法分离后，由于流速和压强向量分开计算，矩阵的阶数要小于直接用 SUPG 方法形成的有限元矩阵阶数，因此，其计算规模相对要小。CBS 算法的应用与进展参见 CBS 算法应用于流体中的热传导[54]、CBS 算法的稳定性[55]、CBS 算法的边界条件[56]、时间步长作为稳定化参数[57]，以及人工压缩项作为 CBS 算法中稳定化参数[58]。

1.3.2 适用于流体边界网格移动的 ALE 描述

不考虑流体边界移动时，流体微分方程一般采用的是 Eulerian 描述。在

Eulerian 描述中，空间坐标是固定的，即不随流体质点移动，在有限元离散后表现为空间网格固定。若空间坐标随流体质点移动，则称为 Lagrangian 描述；这时用有限元离散流体微分方程后，计算过程中需重新划分网格，以避免网格过分扭曲。对于流体移动边界问题，最直接的方法是采用流体微分方程的 Lagrangian 描述，但计算过程中的网格重划分给应用带来了困难。

有两种方法可以实现人为控制流体网格移动，而不像基于 Lagrangian 描述时那样需要网格重划分。一种为变形空间域/时空（deforming-spatial-domain/space-time，DSD/ST）过程[59,60]，但其应用较少；另一种为基于任意 Lagrangian-Eulerian（arbitrary Lagrangian-Eulerian，ALE）描述的方法，其应用较第一种广泛。

ALE 方法是直接在流体微分方程中引入参考坐标系，这时对微分方程中的参考坐标系项离散，可得节点速度向量，这些参考坐标系节点速度可用于指定网格移动速度。这种参考坐标系综合了 Eulerian 和 Lagrangian 描述的特点，称为 ALE 描述。参考坐标系在空间固定时，ALE 描述退化为 Eulerian 描述；参考坐标系随质点运动时，ALE 描述退化为 Lagrangian 描述[61]。

对于引入 ALE 方法的流体微分方程，最早是用有限差分方法离散的，其后，有限元被应用于方程的离散。在有限差分的框架下，早在 1973 年，Amsden 和 Hirt[62]在其报告中就给出了引入 ALE 方法的流体微分方程的有限差分程序；Pracht[63]给出了 ALE 描述下流体网格移动的三维模拟；Stein 等[64]给出了 ALE 描述下流体和结构相互作用的模拟。在有限元领域，Belytschko 和 Kennedy[65]引入 ALE 描述。Belytschko 等[66]基于流体的 ALE 描述，给出了流体和结构相互作用的可控制网格移动的有限元方法。ALE 描述下的流体方程适宜流体界面追踪，典型的界面追踪如自由表面波模拟[67—75]。Hughes 等[76]给出了基于 ALE 描述的流体与结构相互作用及自由表面波模拟。Liu 和 Gvildys[77]基于 ALE 描述给出了移动桶中液体晃动的模拟。

1.4 流体-离散颗粒耦合模拟方法发展现状

本节讨论的流体方程包含流体质量守恒方程和动量守恒方程，固相为离散颗粒。根据流体是基于等同于颗粒的细观尺度描述还是宏观尺度描述，连续流体-离散颗粒耦合有两种类型。

第一种类型，用细观尺度描述流体时，一般精细化地模拟了流体与固体颗粒的相互作用。基于 Lagrangian 描述对流体网格重划分，如 Johnson 和 Tezduyar[78]用网格重划分(remesh)三维模拟了 100 个颗粒和流体的相互作用，以及基于 ALE 描述控制流体与颗粒边界网格移动，直接模拟流体和固体的相互作用[79]，可以使用固定流体网格而无须流体网格重划分的分布式 Lagrange 乘子法(the distributed Lagrange multiplier method，DLM)，但颗粒为刚体[80,81]。基于 Lagrangian 描述并用光滑质点流体动力学(smoothed particle hydrodynamics，SPH)方法离散时，流体与离散颗粒耦合，每个固相颗粒包含上百个流体 SPH 粒子[82]。Zhang[48]给出了无须流体网格重划分的浸入式有限元方法(immersed finite element method，IFEM)，模拟 20 个软球在流体中的运动。

第二种类型，离散颗粒仍在细观尺度上模拟，而流体在宏观尺度上模拟，局部区域上取离散颗粒的平均属性求取流固耦合作用力，如离散颗粒-连续流体耦合中的液化模拟[83—85]。

在上述第一种类型中，流体取与颗粒一样的尺度时，可以实现流固耦合的精细化模拟，但流体计算规模限制了离散颗粒的模拟规模；而在上述第二种类型中，流体取宏观尺度，颗粒在细观尺度上模拟，取局部区域颗粒的平均属性以实现流固耦合的跨尺度衔接，这时可较大提高离散颗粒的计算规模。

1.5　宏观和细观尺度上液化的模拟方法发展现状

1.5.1　宏观尺度上液化的连续体模拟现状

饱和砂土在振动载荷下发生液化时，其有效应力降低，而孔压上升。为模拟这一现象，以模型中描述液化孔压上升机制为标志，液化模型的发展经历了两个阶段。第一个阶段是用经验公式给出孔压上升模式，控制微分方程为 Biot 方程形式，包含固体动量守恒方程和流体质量守恒方程，或者只有固体动量守恒方程；由经验公式得到的孔压增量施加至流体质量守恒方程，以在流固耦合模拟时模拟孔压上升，或者单向地由固体动量守恒方程计算得到模拟孔压增加所需数据。液化模型发展第二个阶段的核心是假设固相不可恢复的体应变是造成液化过程中孔压上升的原因，在这个假设下人们发展了一系列的塑性模型。在流体质量守恒方程中固相不可恢复的塑性体应变造成液化过程中孔压上升，这时使用的控制微分方程绝大多数为传统的 Biot 方程，即只包含固体动量守恒方程和流体质量守恒方程；虽然广义 Biot 方程包含了流体动量守恒方程，但连续体液化模拟中包含流体动量守恒方程的模型很少。

液化模型发展的第一个阶段中，核心在于孔压增加的经验公式。应用较为广泛的形式是液化过程中孔压增量随有效应力和振次变化，其基本形式的经验公式由 Seed 等[86]根据不排水液化试验结果给出。徐志英和沈珠江[87]改进了这一经验公式，对尾矿坝进行液化分析，在其模拟中只使用固体动量守恒方程，单向地从固体计算结果输出数据求解孔隙水压力增量，因此，这不是真实意义上的流固耦合；类似的有坝体液化模拟[88,89]。流固耦合时，采用固体动量守恒和流体质量守恒，基于有效应力和振次的经验公式获得孔隙水压力增量，将其代入流体质量守恒方程以模拟液化过程中孔压上升，如土坝地震孔隙水压力的三维动力分析[90]和海床液化模拟[91]。也可以用竖向应力变化率代入流体质量守恒方程，以模拟液化过程中孔压上升[92]。也有以能量原理推导孔压增长模式的模拟[93]。以上是模拟孔压上升的过程，对于模拟液化后孔压逐渐消散的过程，还需不同的模型；如 Kim 等[94]给出孔压消散模型，这个模型是基于液化后土层密实厚度随时间变化的公式得出的，并模拟了离心机试验中砂土液化后孔压消散过程。

为从液化细观机制上建立液化模型，人们给出液化时孔压增加是由于固相出现不可恢复体应变的假设，但建立模型时，不可恢复体应变仍由经验公式获得，如 Finn 模型[95]。Finn 模型建立半个循环周期内不可恢复体应变与孔压增量的关系，虽然在液化机理上认为液化过程中孔压上升是由于固体颗粒的重排列引起孔隙体积减小而造成的，但 Finn 模型并不是从固相本构上求得不可恢复体应变，而是给出不可恢复体应变与半个周期内剪应变关系的经验公式。Byrne[96]给出了 Finn 模型的简化形式。国内有基于 Finn 本构模型进行饱和砂土液化分析的研究成果[97]。

液化模型发展的第二个阶段中，出现了一系列塑性模型，可以从固相本构上实现不可恢复体应变的模拟；不可恢复体应变与流体质量守恒方程耦合，即构成液化过程中孔压上升机制。这些特殊的塑性模型主要有：①边界面模型（bounding surface model），由 Dafalias[98]建立，其发展和在液化问题中的应用见文献[99—104]；②多屈服面模型（multi-yield surfaces model），其发展和应用见文献[105—109]；③广义塑性模型（generalized plasticity model），其扩展和改进见文献[110—113]；④循环弹塑性模型（cyclic elasto-plastic model），由 Oka 等[114]给出，该模型考虑了塑性剪切模量依赖于应变的累积特性，而 Yuan 和 Sato[115]在液化模型中，考虑了流体的动量守恒方程，固相用 Oka 等[114]建立的循环弹塑性模型；⑤Anandarajah[116]基于微观上的滑移-滚动理论（sliding-rolling theory）给出砂土液化的塑性模型，该模型对于不排水颗粒材料显示出大量的累积体应变增量，并基于 Nevada 砂的三轴试验得到验证。

国内对于液化中固相的塑性模型也做了很多相关工作，如考虑颗粒滑移和滚动对塑性变形的作用建立了液化的塑性模型[117]；阐明三个体积应变分量的组合变化规律控制砂土液化的产生和发展[118]；由边界面塑性本构框架，联系三个体积应变分量，建立可描述砂土液化后大变形的弹塑性本构模型[119]；基于饱和砂循环本构模型模拟离心机砂土液化试验[120]；基于多面塑性模型模拟可液化地基中地铁车站场地的地震响应[121]；基于广义塑性模型及其改进模拟液化土层和地下结构在地震中的响应[122—124]；采用有效循环弹塑性模型，基于 Biot 固结理论作为饱和砂土的控制方程，用无网格法离散方程，模拟坝体液化[125,126]。

液化模型中的孔压增长，可以用经验公式直接给出，这时模拟计算量较小，并且稳定性问题也较少；也可以用不可恢复体应变与流体质量守恒方程耦合得到，对于不可恢复体应变，目前的进展集中在特定的固相塑性模型上，这样从机理上模拟了液化，但往往计算效率较低。

1.5.2 细观尺度上液化的离散颗粒模拟现状

在离散颗粒尺度上模拟液化，有两种方法。第一种方法是基于试样体积不变的假设来等效流体的作用，可以良好再现循环载荷下有效应力降低的过程；但实际计算中并没有计入流体，而孔压是由初始围压减去当前有效应力求得的，如用离散颗粒模拟循环双轴（动三轴的二维离散颗粒模拟）[127—131]和动三轴模拟[127]。第二种方法是计入流体质量和动量守恒方程，将流体与离散颗粒耦合。由于已有文献中的流体方程都是基于空间网格固定的 Eulerian 描述，因此，只可以对特定的情况进行模拟，即颗粒采用周期边界；而流体网格固定，已有的模拟如类似自由场中的液化模拟[83—85,132]。

没有考虑流体边界网格移动机制，是目前在离散颗粒-流体耦合模型中模拟液化的最大限制。由于采用 Eulerian 描述时流体边界无法移动，因此对有边界移动的液化模拟，例如循环双轴和动三轴模拟，只可以用试样体积不变来等效流体作用，但对于振动台的液化模拟，却无法实现体积不变也无法考虑边界移动；而已有文献计入流体质量和动量守恒方程时，也只是针对具有周期边界的颗粒集合体试样进行模拟。

1.6 本书的主要内容

本书的主要内容来自作者的研究工作。本书的研究围绕建立流体-土-地下结构双尺度动力分析方法进行。实现这个方法的基础在于土体离散-连续双尺度耦合模型和适宜流边界网格移动的流体方程以及相应的流固耦合框架。

本书的主要研究内容如下：

第 2 章讲述固体离散-连续双尺度耦合动力分析方法：提出通过强化边界耦合力在离散和连续模型中的相容性，将提取边界耦合节点力转化为寻优问题的新方法，并用 Lagrange 乘子法求解。此外，还将此方法嵌入离散-连续双尺度耦合动力分析方法。通过算例，将改进的算法用来模拟隧道振动的小应变问题和地震中地下结构坍塌的大变形问题。

第 3 章讲述流体-离散颗粒耦合动力分析方法，在理论上：①建立包含 ALE 项和流固耦合项的流体质量和动量守恒方程，其中 ALE 项适宜流体边界网格移动控制，然后用 CBS 算法对所建立的微分方程进行分离分步，使其适用于标准 Galerkin 离散以获得有限元格式；②建立一种适用于流体-离散颗粒耦合的伺服围压算法，即建立土体和伺服墙的弹簧-振子模型，然后应用动态规划得到这个最优控制问题的 HJB 方程，推导伺服力的闭环反馈控制函数，并且通过算例检验伺服算法的有效性。最终基于所建立的流体方程和伺服围压算法，进行了流体-离散颗粒耦合的循环双轴数值试验。

第4章提出流体-土-地下结构的双尺度动力分析方法：首先，建立流体和离散-连续固体耦合的框架，即将离散和连续固体与统一的流体方程耦合，并在宏观尺度上给出将Finn液化模型引入流体动量守恒方程的方法；然后，基于这个耦合框架，结合固体双尺度方法和所建立的流体方程，提出流体-土-地下结构的双尺度动力分析方法；最后，基于此耦合分析方法，对地震中地下结构和可液化土体响应的离心机试验进行模拟。

本书的研究工作由以下基金项目资助：国家自然科学基金（“强震液化过程中流体与离散颗粒-连续土体及结构耦合的双尺度方法研究”，批准号：51408547）、浙江省自然科学基金（“地震作用下水-土-地下结构耦合体系的双尺度方法研究”，批准号：LQ14E080009）和浙江科技学院校基金。

第2章　固体离散-连续双尺度耦合动力分析方法

2.1　概　述

以离散颗粒的动力模型为基础，直接从细观层次研究砂土的力学行为以及砂土与结构的相互作用，逐渐成为新的热点。但是，以离散颗粒模拟砂土受限于计算机性能，颗粒数目过多使计算过于缓慢或运算无法执行。对于离心机等模型试验，即使放大颗粒粒径进行模拟，仍然受限于颗粒数目。另外，在半无限体中，例如，列车载荷下振动在隧道和半无限土体中传播的问题，以及地震中地下结构坍塌问题，直接用离散元模拟在颗粒数量上难以实现。但是，应用土体离散-连续耦合方法，可以只在关心的区域进行细观层次模拟，同时应用连续模型模拟远离关心的区域和考虑半无限土体的边界条件，这时可以大量减少颗粒数量，节省计算时间。

耦合方法的两个核心问题：①保证离散-连续土体在边界上的连续性，目前主要是保证边界处速度和力的连续性；在已有的模拟和算法[31—33]中，作用于连续模型的耦合节点力都仅在离散颗粒模型中提取，因此动力分析中，在同时考虑离散和连续模型的状态下提取耦合力是耦合模型的一个改进方向。②模拟中，细观区域颗粒的宏观性质需与连续土体模型一致，这涉及联系颗粒材料宏细观参数的模拟方法；已有的模拟方法有对颗粒集合体静模量模拟的双轴数值试验[133]和模拟大应变下动力性质的循环双轴试验[127]，但小应变情况下的颗粒集合体动模量的模拟方法仍不完善。

本章首先给出新的边界耦合力提取方法，将提取边界上等效节点力转化为适于 Lagrange 乘子法求解的优化问题，以强化在离散-连续耦合边界上等效节点力的相容性，将此方法嵌入离散-连续双尺度耦合动力模型；然后给出离散颗粒的自振柱模拟方法，以实现小应变下砂土的动模量模拟，完善颗粒材料宏细观参数联系的模拟方法；最后基于耦合模型进行列车振动下隧道和土体响应的模拟，以及神户地震中大开地铁车站坍塌过程模拟。

2.2　土体离散-连续双尺度动力耦合算法

在土体耦合模型中，需保证离散-连续模型在耦合边界的连续性。图 2.1 为土体离散-连续耦合方法示意图。在离散颗粒与连续模型单元的交界面上，颗粒撞击边界面将细观模型中在边界处的力传递给连续区域单元，同时，交界面随连续模型单元运动而给定了颗粒的速度边界。耦合算法的基本思想是：①通过接收连续模型中边界节点的速度，来指定离散模型中颗粒的边界墙速度；②接收离散模型中颗粒与耦合边界的接触力，并将这接触力作为连续模型的力边界。在每一时步的动力分析中，在离散和连续模型中交互数据，由此保证耦合边界处力和速度的连续。

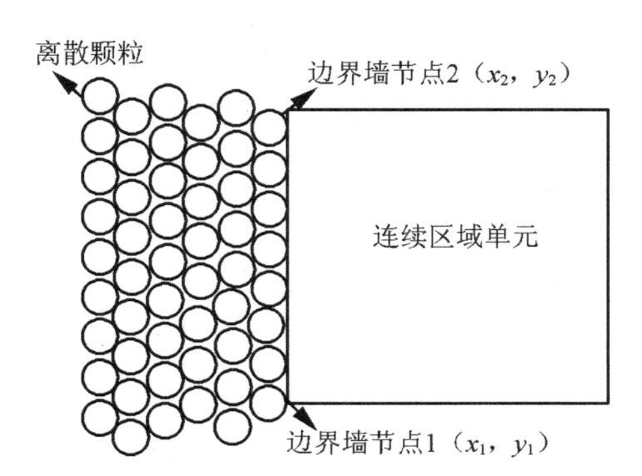

图 2.1　土体离散-连续耦合方法示意图

颗粒作用于边界面处的力须转化为节点力施加于连续模型上，但是已有的土体离散-连续耦合算法中，耦合边界处的节点力都仅从离散模型中提取。这里给出一种提取边界节点耦合力的新方法，在节点力的分配上，同时考虑离散模型与连续模型的状态，即强化两个模型在耦合节点力上的相容性，建立适用于 Lagrange 乘子法求解的优化模型。

如图 2.1 所示的耦合边界上，边界墙上 2 个节点的坐标为(x_1, y_1)，(x_2, y_2)，节点 1 上的应力为σ_{1x}，σ_{1y}和τ_{1xy}，节点 2 上的应力为σ_{2x}，σ_{2y}和τ_{2xy}。假设应力呈线性分布，则边界墙上各点的应力如下：

$$\sigma_x = N_1\sigma_{1x} + N_2\sigma_{2x} \tag{2.1}$$

$$\sigma_y = N_1\sigma_{1y} + N_2\sigma_{2y} \tag{2.2}$$

$$\tau_{xy} = N_1\tau_{1xy} + N_2\tau_{2xy} \tag{2.3}$$

其中，N_1 和 N_2 均为插值函数，其表达式如下：

$$N_1 = 1 - b/L \tag{2.4}$$

$$N_2 = b/L \tag{2.5}$$

其中，b 为边界上点距节点 1 的距离，L 为节点 1 与节点 2 之间的距离。

设边界面的外法线与 x 轴夹角的余弦为 l，外法线与 y 轴夹角的余弦为 m；设斜面上每一点沿 x 轴方向的应力为 X，沿 y 轴方向的应力为 Y。结合式(2.1)～式(2.3)，有

$$X = l(N_1\sigma_{1x} + N_2\sigma_{2x}) + m(N_1\tau_{1xy} + N_2\tau_{2xy}) \tag{2.6}$$

$$Y = l(N_1\tau_{1xy} + N_2\tau_{2xy}) + m(N_1\sigma_{1y} + N_2\sigma_{2y}) \tag{2.7}$$

将边界上应力转化为等效节点力，采用有限元中常用的虚功方法，假设在节点 1 上有虚位移 δu_1，δv_1，等效节点力为 $\bar{f}_{1x}$，$\bar{f}_{1y}$，节点 2 上有虚位移 δu_2，δv_2，等效节点力为 $\bar{f}_{2x}$，$\bar{f}_{2y}$，边界面上应力做功与节点力做功相等，则有

$$\bar{f}_{1x}\delta u_1 + \bar{f}_{2x}\delta u_2 + \bar{f}_{1y}\delta v_1 + \bar{f}_{2y}\delta v_2 = \int_0^L (X\delta u + Y\delta v)\,\mathrm{d}\Omega \tag{2.8}$$

其中，$\delta u = N_1\delta u_1 + N_2\delta u_2$，$\delta v = N_1\delta v_1 + N_2\delta v_2$。

将式(2.6)、式(2.7) 代入式(2.8)，令各节点沿各方向的虚位移对应的参数为 0，可得 $\bar{f}_{1x}$，$\bar{f}_{1y}$，$\bar{f}_{2x}$，$\bar{f}_{2y}$ 的具体表达式。定义连续模型中节点力分配系数 $\bar{\alpha}_1$，$\bar{\alpha}_2$ 为

$$\bar{\alpha}_1 = \bar{f}_{1x}/(\bar{f}_{1x} + \bar{f}_{2x}) \tag{2.9}$$

$$\bar{\alpha}_2 = \bar{f}_{2x}/(\bar{f}_{1x} + \bar{f}_{2x}) \tag{2.10}$$

在离散模型中，设离散颗粒作用于边界墙的沿 x 方向的合力为 F_{wx}，沿 y 方向的合力为 F_{wy}，合力矩为 M_w。设离散模型中节点 1 的等效节点力为 f_{1x}，

f_{1y}，节点 2 的等效节点力为 f_{2x}，f_{2y}，由力和力矩平衡可得

$$f_{1x}+f_{2x}=F_{wx} \tag{2.11}$$

$$f_{1y}+f_{2y}=F_{wy} \tag{2.12}$$

$$-f_{1x}y_1+f_{1y}x_1-f_{2x}y_2+f_{2y}x_2=M_w \tag{2.13}$$

设离散模型中节点力分配系数为 α_1，α_2，则式(2.11) 和式(2.12) 等效为

$$f_{1x}=f_{wx}\alpha_1 \tag{2.14}$$

$$f_{2x}=f_{wx}(1-\alpha_1) \tag{2.15}$$

$$f_{1y}=f_{wy}\alpha_2 \tag{2.16}$$

$$f_{2y}=f_{wy}(1-\alpha_2) \tag{2.17}$$

让离散模型和连续模型中各自定义的分配系数的差值最小，而约束函数为力矩平衡式(2.13)，建立优化模型，则目标函数和约束函数分别为

$$\min F=(\alpha_1-\bar{\alpha}_1)^2+(\alpha_2-\bar{\alpha}_2)^2 \tag{2.18}$$

$$\text{s.t.}\quad G=0 \tag{2.19}$$

其中，

$$G=-f_{1x}y_1+f_{1y}x_1-f_{2x}y_2+f_{2y}x_2-M_w \tag{2.20}$$

定义 Lagrange 乘子 λ，定义 Lagrange 函数 $\bar{L}=F+\lambda G$，则式(2.18)、式(2.19)中的优化问题转化为对 $\bar{L}$ 求偏导数求解，即

$$\partial\bar{L}/\partial\alpha_1=0 \tag{2.21}$$

$$\partial\bar{L}/\partial\alpha_2=0 \tag{2.22}$$

$$\partial\bar{L}/\partial\lambda=0 \tag{2.23}$$

将式(2.9)、式(2.10) 和式(2.14) ~ 式(2.17) 代入式(2.21) ~ 式(2.23)，求解得到使用的节点力分配系数如下：

$$\alpha_1=\bar{\alpha}_1+(y_1-y_2)f_{wx}\,\text{Numer}/\text{Denom} \tag{2.24}$$

$$\alpha_2=\bar{\alpha}_2-(x_1-x_2)f_{wy}\,\text{Numer}/\text{Denom} \tag{2.25}$$

其中，

$$\text{Numer}=\bar{\alpha}_1(-y_1+y_2)f_{wx}+\bar{\alpha}_2(x_1-x_2)f_{wy}+\text{Numera} \tag{2.26}$$

$$\text{Numera}=-f_{wx}y_2+f_{wy}x_2+M_w \tag{2.27}$$

$$\text{Denom}=[(x_1-x_2)f_{wy}]^2+[(y_1-y_2)f_{wx}]^2 \tag{2.28}$$

式(2.24)～式(2.27)中各参数在耦合模型中确定如下：①$\bar{\alpha}_1$ 和 $\bar{\alpha}_2$ 含宏观模型中节点应力 σ_{Iij}，这里下标 I 表示节点号，在连续模型中获取；②离散模型中颗粒对墙的合力 f_{wx}，f_{wy} 和合力矩 M_w 在离散模型中获取。由式(2.14)～式(2.17)中节点力和分配系数的关系，以及优化求解得到的分配系数式(2.24)和式(2.25)，可以得到施加至连续模型上的节点力 f_{1x}，f_{1y}，f_{2x} 和 f_{2y}。

优化模型适用于Lagrange乘子法求解，得到节点力分配系数 α_1 和 α_2 的解析表达式后，即可得到耦合边界上的节点力。虽然在小应变问题中，基于这种优化模型的边界耦合力提取方法可以取得较好效果，但用其模拟地震作用下土体的地震响应时，由于强烈的非线性和土体应力的剧烈变化，会出现节点力分配系数小于0的情况。从耦合模型的实际意义看，耦合边界上颗粒对耦合边界只会产生指向连续模型方向或者与边界平行的力，不会对边界产生拉力。因此，节点力分配系数应在0～1区间。这里模拟时，在耦合模型中指定节点力分配系数的取值范围，重新定义节点力分配系数 $\widehat{\alpha}_1$ 和 $\widehat{\alpha}_2$：

$$\widehat{\alpha}_i = \begin{cases} 0,\ \alpha_i < 0 \\ \alpha_i,\ 0 \leqslant \alpha_i \leqslant 1,\ i = 1,\ 2 \\ 1,\ \alpha_i > 1 \end{cases} \tag{2.29}$$

对于耦合模型，所建立的优化模型中，优化变量和约束函数的个数对应用有很大影响。因为一旦优化变量和约束函数总数大于4，则应用Lagrange乘子法求解时，无法求得解析表达式，这等效于大于4次的方程无解析解。此时，将优化方法应用至耦合模型，优化变量需进行数值求解，这对于耦合运算来说，会大大增加模拟时间。因此，将优化变量和约束函数的总数控制在4以下，对于应用优化模型至耦合模型是十分重要的。

2.3 离散颗粒的自振柱模拟方法

在土体宏细观耦合模拟时，离散模型中颗粒集合体的宏观属性需与连续模型的材料属性一致。已有的模拟方法有对颗粒集合体静模量模拟的双轴数值试验[133]和模拟大应变下动力性质的循环双轴试验[127]，但小应变情况下的颗粒集合体动模量的模拟方法仍不完善。

对于小应变(小于 10^{-4})下土体的动模量,室内试验一般用共振柱试验获得,应变大于 10^{-4} 时通过动三轴试验获得[134]。但数值模拟共振柱试验,因时间过长而难以实现。由于共振柱试验获得动模量具有刚化效应[135—139],因此在共振柱试验的基础上,发展了自振柱试验方法[140—143]。用离散元模拟自振柱试验,可以快速获得数值试样的动模量。

自振柱模拟本质上是模拟一端固定、一端自由的一维黏弹性杆受一初始应变后自由衰减振动的过程。对于如何从自振柱扭转试验中推求动模量,文献[144]予以了详细叙述。这里采用二维模拟,基于圆柱扭转推求的公式不适用,因此,需得到自振柱压缩试验中固有频率与动模量的关系。

一维纵波在杆中的微分方程[145]如下:

$$u(x,t)=U(x)T(t) \tag{2.30}$$

$$U(x)=A\cos(\sqrt{\rho/E}\omega_n x)+B\sin(\sqrt{\rho/E}\omega_n x) \tag{2.31}$$

$$T(t)=\mathrm{e}^{-nt}\sin(\omega_{\mathrm{d}}t+\varphi) \tag{2.32}$$

其中,$u(x,t)$ 为杆中坐标为 x、时刻为 t 时对应的位移,$U(x)$ 为位移函数,$T(t)$ 为时间函数,A 和 B 为由边界条件确定的参数,ρ 为柱体密度,E 为柱体模量,ω_n 为柱体 n 阶固有频率,$n=\mu\omega_n^2/2E$,$\omega_{\mathrm{d}}=\sqrt{\omega_n^2-n^2}$,$\mu$ 为阻尼系数,φ 为由初始条件确定的参数。

对于如图2.2所示的自振柱体系,在 $x=0$ 端固定,在自由端 $x=L$ 处加

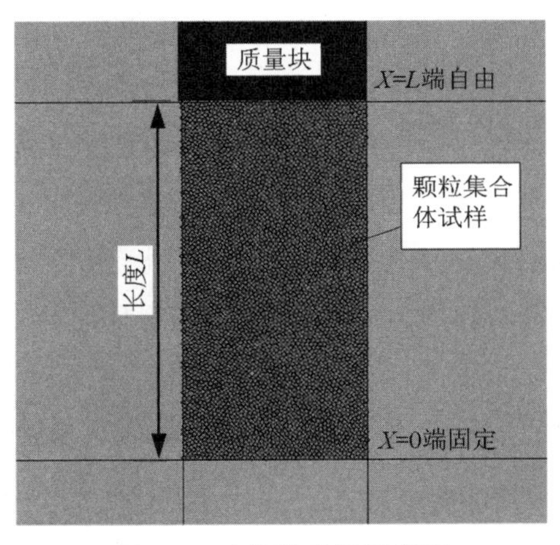

图2.2　自振柱模拟示意图

一质量为 m 的块体，则在 $x=L$ 处颗粒集合体所受力如下：

$$N = E\varepsilon(L,t)a + \mu a\partial\varepsilon(L,t)/\partial t \tag{2.33}$$

其中，N 为 $x=L$ 处杆所受外力，杆应变为 $\varepsilon(L,t)=\partial u(x,t)/\partial x|_{x=L}$，$a$ 为柱体面积，$E\varepsilon(L,t)$ 为弹性应力，$\mu\partial\varepsilon(L,t)/\partial t$ 为因黏性产生的应力。块体的平衡方程如下：

$$-N=m\partial^2 u(L,t)/\partial t^2 \tag{2.34}$$

其中，N 为质量块受杆作用力，m 为块体的质量。

在 $x=L$ 处杆受力和质量块受力相等，由式(2.33)和式(2.34)可得

$$E\varepsilon a + \mu a\partial\varepsilon/\partial t + m\partial^2 u/\partial t^2 \ |_{x=L} = 0 \tag{2.35}$$

将式(2.30)～式(2.32)代入式(2.35)，结合边界条件，可得

$$(\sqrt{\rho/E}\omega_n L)\tan(\sqrt{\rho/E}\omega_n L) = \rho a L/m \tag{2.36}$$

模拟时，在 $x=L$ 处施加一指定位移，从 $x=L$ 处的衰减曲线可以得到一阶频率 ω_1；将其代入式(2.36)，可求解得到颗粒集合体在一指定应变下的动模量。

采用 Newmark 积分编写质量块受力运动的程序并嵌入离散元软件 PFC 中，质量块的动力方程形式如式(2.34)所示。模拟的步骤如下：

(1) 先生成颗粒试样，对颗粒集合体用刚性墙在四边施加给定围压(见图2.2)，但不包括质量块，这里质量块是虚拟的。

(2) 加围压至颗粒平衡后，固定底边墙(即杆件固定端)，对顶墙施加一指定位移(即在杆自由端施加位移，给杆件一初始应变)；在这个过程中保持两边侧墙的伺服程序，即保持试样侧边围压不变。

(3) 指定数值试样顶部墙的运动速度，速度是按照质量块受杆件顶端作用力(即试样顶部墙受颗粒不平衡力)和围压的共同作用时，采用 Newmark 数值积分求解得到；通过记录顶部墙的位移变化，可得到试样自由衰减振动曲线，从中得到试样固有频率，进而求解颗粒集合体的动模量。

数值模拟时，对质量块的运动求解过程中，需将 Newmark 积分的步长与颗粒流软件 PFC 中的步长设为一致。质量块的质量理论上对模拟得到的频率没有影响，但数值试验表明，较大的块体质量可以使得到的自由振动衰减曲线更加平滑，因此更易从中求得频率。

2.4　数值算例

2.4.1　小应变振动：列车振动下隧道与土体响应的双尺度耦合模拟

基于离散-连续双尺度耦合动力模型，模拟列车振动下隧道与土体的动力响应。用相互作用的离散颗粒模拟隧道附近土体，远离隧道的土体用连续模型模拟，编写结构的动力有限元程序嵌入离散元软件中来模拟隧道。通过离散元软件 PFC^{2D}和有限差分软件 FLAC^{2D}的交互运算实现耦合过程。在耦合边界，通过交换速度和力保证耦合模型的连续性，通过自振柱模拟使离散区域土体的宏观性质与连续土体模型一致。通过比较用耦合方法与只用连续模型模拟得到的结果，说明所提出的方法在小应变问题中的有效性。

(1) 计算参数及数值模型

计算模型中隧道的原型来自 Degrande 等[146]。隧道在 3 种土层中，分别为回填材料、Beauchamp 砂和泥灰与砾石组成的硬层；2 个土层中测得的剪切波速分别为 115m・s^{-1}和 220m・s^{-1}，整个半无限空间的剪切波速为 315m・s^{-1}。由于这里主要显示耦合模型在半无限空间中的应用，因此对实际工程中土的属性做简化；这里取土体剪切波速为 220m・s^{-1}，对应的动模量为 230MPa，将靠近隧道的土体都用颗粒来模拟。在离散元模拟中，受限于计算机性能，即使使用双尺度耦合方法，仍须采用将实际土颗粒放大的办法来减少颗粒数量。不断调整颗粒的细观参数，通过自振柱模拟使数值试样的动模量与宏观模量较为接近。数值试样的细观参数如表 2.1 所示。数值模拟需确定砂土的细观参数有颗粒半径 r、颗粒孔隙率 e、法向接触刚度 k_n、切向刚度 k_s、颗粒摩擦因数 f_c 和颗粒密度 ρ_s。

表 2.1　数值试样细观参数

r/m	e	k_n/(N・m^{-1})	k_s/(N・m^{-1})	f_c	ρ_s/(kg・m^{-3})
0.1	0.09	3×10^8	3×10^8	3.0	1541.7

模拟了围压为40kPa,80kPa,160kPa,320kPa时,不同初始应变下颗粒试样的自由衰减振动曲线。图2.3给出了试样应变随时间衰减曲线,从曲线中可求取离散颗粒集合体小应变下动模量和阻尼比。

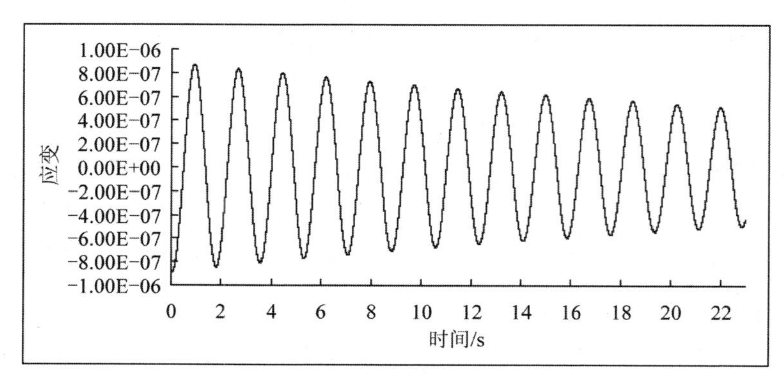

图2.3 试样应变随时间衰减曲线(围压160kPa,初始应变1.12×10^{-6})

表2.2给出不同围压、不同初始应变下求得的颗粒集合体动模量和阻尼比。从规律上来看,动模量应随围压增加而增大,这一点同试验结果[144]是一致的。同一围压下,动模量随初始应变增加而呈现一定波动,这一点在低围压下尤其明显;初始应变增大时,模拟得到的动模量变化趋势是降低,这同试验结果[144]是一致的。已有的模拟结果中,难以找到阻尼比的变化规律,已有的自振柱相关文献也主要是针对动模量的试验和模拟,因此,对于阻尼比的变化规律需进一步进行研究。

表2.2 动模量和阻尼比

围压/kPa	应变/$\times10^{-6}$	动模量/MPa	阻尼比
40	1.12	182.3	0.0230
	2.57	183.4	0.0212
	5.07	183.4	0.0206
80	1.12	197.8	0.0288
	2.57	195.3	0.0230
	5.07	196.4	0.0301

续表

围压/kPa	应变/$\times10^{-6}$	动模量/MPa	阻尼比
160	1.12	207.5	0.0023
	2.57	207.4	0.0411
	5.07	206.3	0.0325
320	1.12	207.5	0.0023
	2.57	207.4	0.0411
	5.07	206.3	0.0325

数值模拟中，隧道的尺寸属性可参考 Degrande 等[146]。图 2.4 给出了隧道-离散土体和离散-连续土体耦合模型图。模拟步骤：①生成颗粒与隧道结构后，让其与连续土体模型不耦合的情况下，在重力作用下循环至平衡；②让隧道结构、离散颗粒和连续土体模型耦合，在重力作用下循环至平衡；③在隧道底部施加列车振动载荷，载荷作用位置见图 2.4。刘维宁等[147]建立了列车振动载荷模型，其载荷形式与董亮等[148]实测得到的路基面动应力曲线非常相似，因此这里的载荷曲线也取为相近的形式，载荷幅值与白冰和李春风[149]的结果相近，模拟中使用的列车载荷时程曲线如图 2.5 所示。

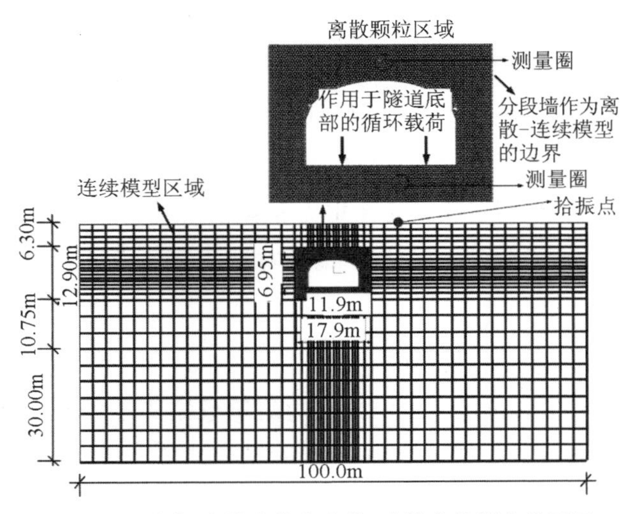

图 2.4　隧道-离散土体和离散-连续土体耦合模型图

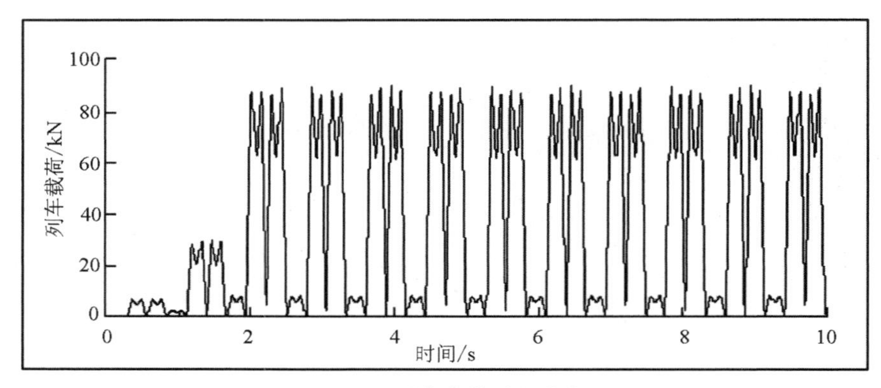

图 2.5　列车载荷时程曲线

如图 2.4 所示的连续土体区域用有限差分软件 FLAC^{2D}模拟，靠近隧道的土体用离散元软件 PFC^{2D}模拟，隧道用梁单元模拟。连续土体模型用黏弹性模型，使用 Rayleigh 阻尼，如图 2.4 所示的底边与两侧边用吸收边界模拟半无限区域[150]。将表 2.2 中不同土层模量的平均值赋值给图 2.4 中连续模型从上至下的 4 层土体。除围压为 160kPa、应变为 1.12×10^{-6}外，不同围压下土体的阻尼变化较小，并且连续模型中阻尼矩阵是由整个土体的质量矩阵和刚度矩阵加权求和得到的。因此，将自振柱模拟得到的阻尼比平均值赋值给整个连续模型。在边界节点耦合力提取过程中，在重力作用下模型耦合至平衡的初始阶段，连续模型中应力可能为 0，这时无法应用式(2.24)和式(2.25)求得节点力分配系数 α_1 和 α_2；这种情况下假设 $\alpha_1=\alpha_2$，结合式(2.13)～式(2.17)求解耦合边界上的节点力。

对于隧道结构，编写了梁单元在重力和颗粒接触碰撞下运动的有限元程序，并将其嵌入离散元软件 PFC 中。动力有限元算法中不考虑阻尼，总动力方程为

$$[M]\{\ddot{x}\}+[K]\{x\}=\{f\} \tag{2.37}$$

其中，$\{x\}$为节点的位移向量；$[M]$为结构的质量矩阵；$[K]$为结构的刚度矩阵；$\{f\}$为外力载荷向量，包括重力和颗粒与结构的接触力。

动力分析中，对每个梁单元坐标采用随物质点而动的 Lagrange 描述[61]，梁单元节点上的自由度包括转动和两个方向上的平动，具体有限元形函数、Newmark 积分、质量和刚度矩阵见文献[145,151,152]。

图 2.4 是土体颗粒与隧道结构的相互作用图，每一个梁单元对应离散元软件 PFC 中的墙，墙上各节点的速度由编写的动力有限元求解得到。需要说明的是：在 PFC 中，由于分段墙只可以指定节点平动速度，所以，虽然计算时梁单元节点上的自由度包括转动与两个方向上的平动，但每一步计算后只将节点上平动速度指定给墙节点。结构-土体中边界耦合节点力只在离散模型中提取，相当于由式(2.13)～式(2.17)再联立 $\alpha_1=\alpha_2$ 求解得到。由于耦合模型中连续模型通过有限差分软件 FLAC 求解，在有限差分算法中，土体与结构模量差别巨大会造成时步急剧缩小；在离散元软件中直接编写结构的动力有限元程序，可以避免总运算时间无谓增加。

建立连续模型模拟如图 2.4 所示的动力问题，通过对比连续模型与耦合模型得到的结果，来说明本文提出方法的合理性和有效性。只用连续模型模拟时，模型在 $FLAC^{2D}$ 中建立，宏观参数与耦合模型中连续模型一致。

(2) 模拟结果及分析

在耦合模型的连续区域中的地表上，选取拾振点，如图 2.4 所示。在只用连续模型模拟时，在地表同样位置选取拾振点。两种模型中记录拾振点动力响应过程。图 2.6 给出了载荷进入稳态后(如图 2.5 所示，时间进入 2s 以后)，耦合模型和连续模型下水平向和竖向加速度时程曲线比较。两种模型得到的结果是很接近的，水平向和竖向加速度最大值的相对误差分别只有 6.3％和 4.4％。

在隧道底部施加列车载荷时，记录隧道两边上下顶点的加速度，对每一时刻记录各点的加速度并求平均值，作为隧道的平均加速度。隧道平均加速度时程曲线如图 2.6 所示。模拟时，在载荷进入稳态后，模拟得到的隧道平均各向加速度幅值在 $0.04\mathrm{m\cdot s^{-2}}$ 以内。加速度时程曲线的周期性与载荷时程曲线的周期性有良好的对应性。

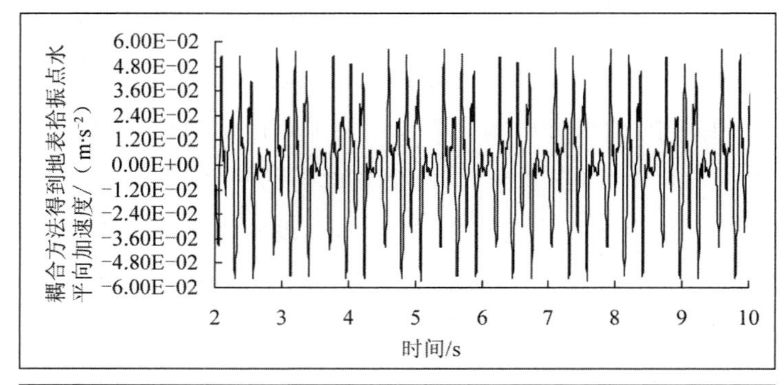

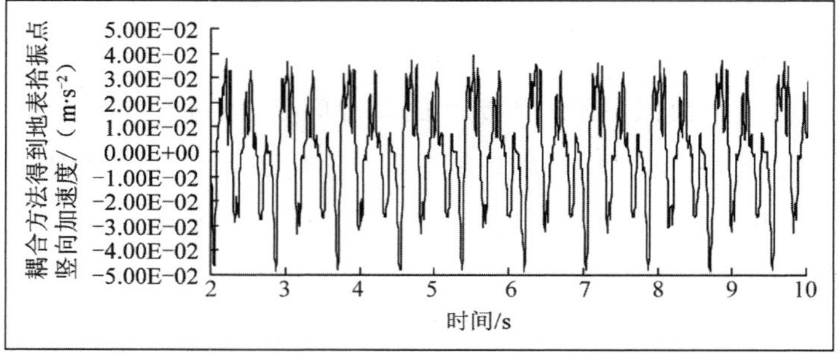

（a）耦合模型下

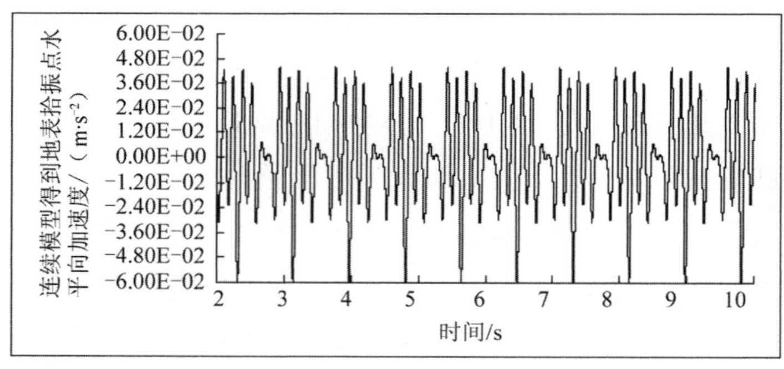

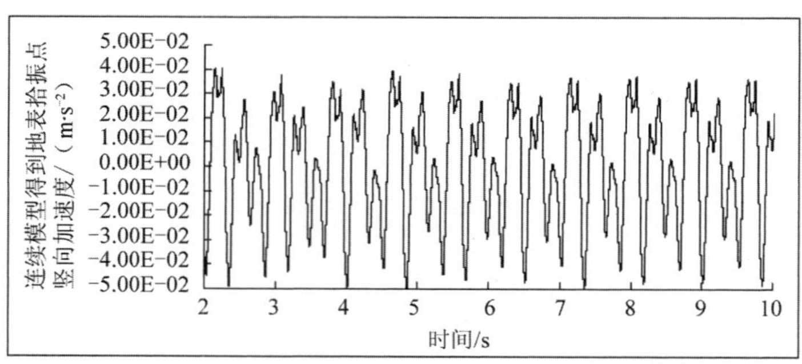

（b）连续模型下

图 2.6　耦合模型和连续模型下水平向和竖向加速度时程曲线比较

离散颗粒模型中，在隧道的顶部和底部布置测量圈（见图 2.4）。测量圈可以记录圈内颗粒的平均应力。从图 2.7 和图 2.8 可以看出，各应力时程曲线的周期性与载荷时程曲线的周期性有良好的对应性。特别是对于竖向应力，底部测量圈内的应力时程波形与施加的载荷波形极其相似。测量圈内离散土体的平均应力，随载荷进入稳态后也是一个稳态过程。这些都显示：在隧道附近的离散土体模型有效传递了振动，结构-离散土体耦合模型和离散-连续土体耦合模型可以对关心区域的土体进行细观尺度的模拟。

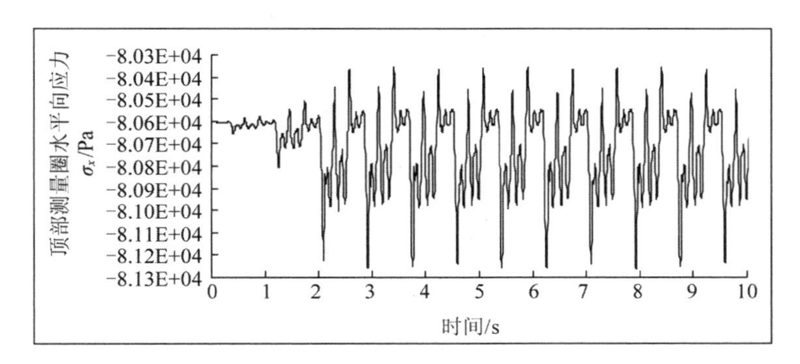

(a) 顶部测量圈

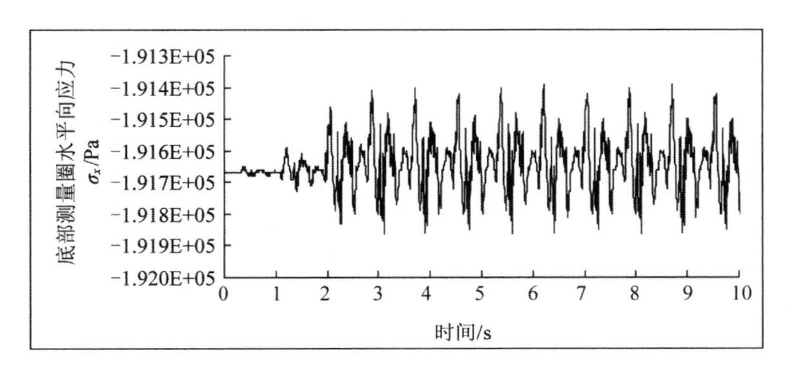

(b) 底部测量圈

图 2.7　隧道顶部和底部测量圈中水平向应力 σ_x 时程曲线

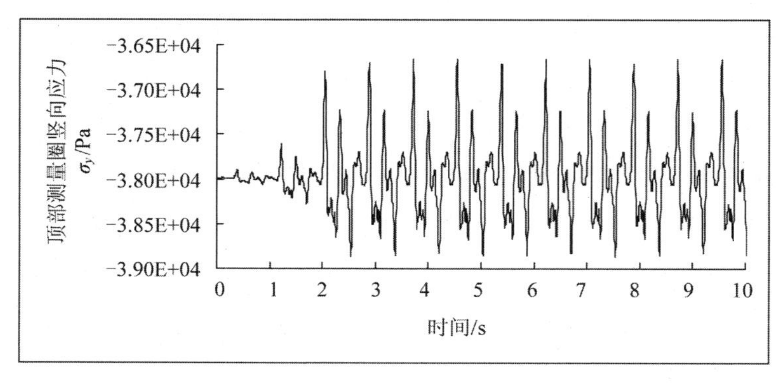

（a）顶部测量圈

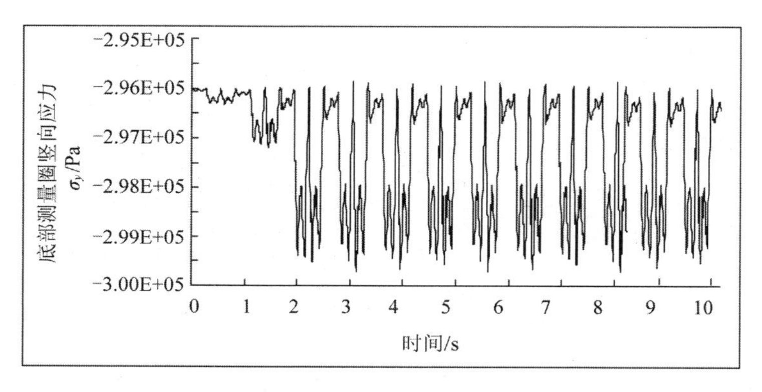

（b）底部测量圈

图 2.8　隧道顶部和底部测量圈竖向应力 σ_y 时程曲线

2.4.2　大变形破坏：地铁车站在地震中坍塌过程的双尺度耦合模拟

阪神地震中，神户大开地铁车站遭受破坏，中间立柱顶部或底部的混凝土被压碎，这些部位的钢筋鼓出扭曲，顶板在中间立柱上方附近断裂下塌，造成车站上方土体下陷[153—155]。这一现象为典型的地震中地下结构破坏过程。震后学者们对大开地铁车站的地震响应进行了一系列的数值模拟[153,156—157]，虽然这些模拟工作都可以确定地震中地下车站的破坏位置或者地下结构的损伤演化过程，但都没有模拟实际地下结构破坏断裂下塌和土体下陷大变形的过程。

这里基于固体离散-连续双尺度耦合动力分析方法，对阪神地震中产生塌陷的神户大开地铁车站的破坏过程进行了数值模拟。

(1) 计算参数及数值模型

首先确定细观模型参数。这里给出通过自振柱试验确定土体颗粒细观参数的过程。文献[156]给出车站处土层的剪切波速为 170～190m・s^{-1}，对应的初始杨氏模量为 142～178MPa。由于计算机的限制，即使用离散-连续耦合方法模拟实际问题，离散元模型中也需放大颗粒来减少颗粒数量。通过自振柱模拟并调整细观颗粒参数，得到颗粒集合体不同应变下的动模量为 171～172.5MPa。表 2.3 给出数值试样的细观参数，包括颗粒半径 r、颗粒孔隙率 e、法向接触刚度 k_n、切向刚度 k_s、颗粒摩擦系数 f_c 和颗粒密度 ρ_s。

表 2.3　数值试样细观参数

细观参数	r/m	e	k_n/(N・m^{-1})	k_s/(N・m^{-1})	f_c	ρ_s/(kg・m^{-3})
数值大小	0.1	0.09	2.39×10^8	2.39×10^8	5.0	2087.9

在确定以上颗粒细观参数后，由自振柱试验和循环双轴试验模拟应变小于 10^{-4} 和大于 10^{-4} 时的动模量，基于这些数值试验可得动模量随应变衰减曲线，用文献[150]中的函数来拟合此曲线，拟合函数形式如下：

$$\frac{E}{C_1}=C_2+\frac{C_3}{1+\exp(-\lg(\varepsilon-C_4)/C_5)} \tag{2.38}$$

其中，E 为动模量，ε 为应变，C_1，C_2，C_3，C_4 和 C_5 为拟合参数。模拟得到的拟合曲线和动模量离散点如图 2.9 所示。

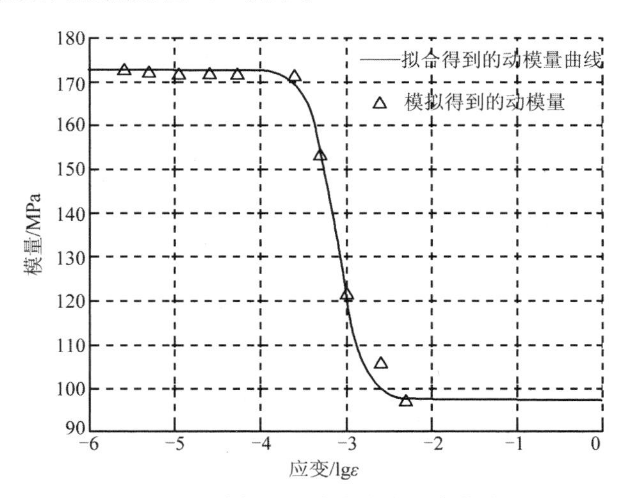

图 2.9　动模量随应变衰减拟合曲线

土体连续模型参数见表 2.4。表 2.5 给出地下车站模型中数值试样的细观参数,包括颗粒半径 r、颗粒孔隙率 e、法向接触刚度 k_n、切向刚度 k_s、颗粒摩擦系数 f_c 和颗粒密度 ρ_s。表 2.6 给出立柱和车站其他部位的法向连接刚度 pb_k_n、切向连接刚度 pb_k_s、法向连接强度 pb_n 和切向连接强度 pb_s。

表 2.4　土体连续模型参数

土层厚度/m	密度/(kg·m^{-3})	初始杨氏模量/MPa	泊松比
1.8	1900	96.8	0.333
13.2	1900	172.5	0.32
5	1900	280	0.26

表 2.5　地下车站数值试样细观参数

细观参数	r/m	e	k_n/(N·m^{-1})	k_s/(N·m^{-1})	f_c	ρ_s/(kg·m^{-3})
数值大小	0.05	0.21	6×10^8	6×10^8	6.0	3183.1

表 2.6　地下车站数值试样连接参数

连接参数	pb_k_n /(N·m^{-1})	pb_k_s /(N·m^{-1})	pb_n /(N·m^{-1})	pb_s /(N·m^{-1})
车站立柱	9×10^9	9×10^9	2.56×10^6	2.56×10^6
车站除立柱外部位	2.4×10^{10}	2.4×10^{10}	3.0×10^7	3.0×10^7

建立的车站和双尺度土体耦合模型如图 2.10 所示。车站和土体离散颗粒模型在离散元软件 PFC^{2D} 中建立,连续土体模型在有限差分软件 FLAC^{2D} 中建立。地震的加速度曲线如图 2.11 所示。

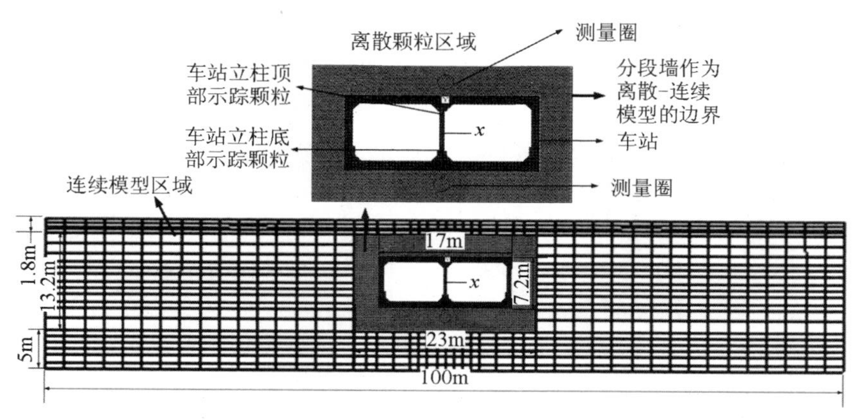

图 2.10　车站和土体离散-连续耦合模型图

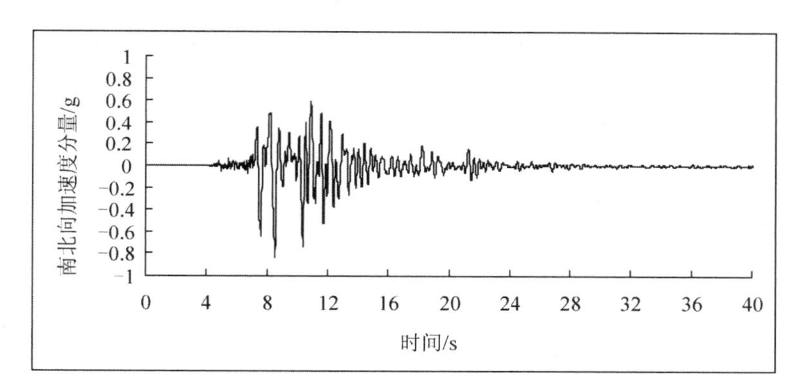

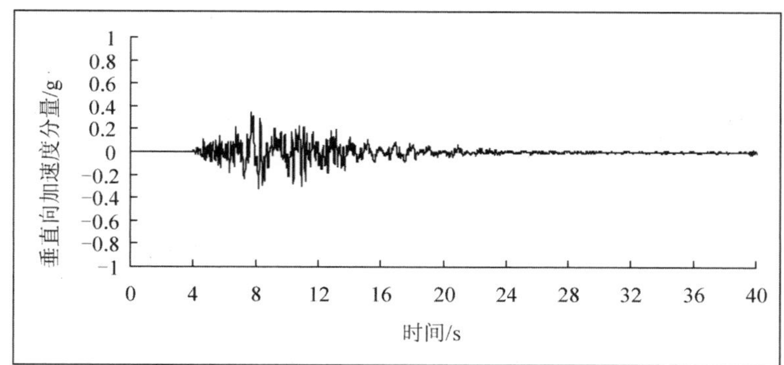

图 2.11　阪神地震加速度

(2) 模拟结果及分析

图 2.12 给出地震中不同时刻车站的破坏状态及其附近土体的状态。从图 2.12 可知,地震中车站中间立柱的底部发生弯曲挤压破坏,车站顶板在立

柱附近断裂下塌，从而引起车站上方土体下陷。车站的破坏形式，特别是立柱底部断裂错开和顶板下塌，与现场[153,154]非常相近。

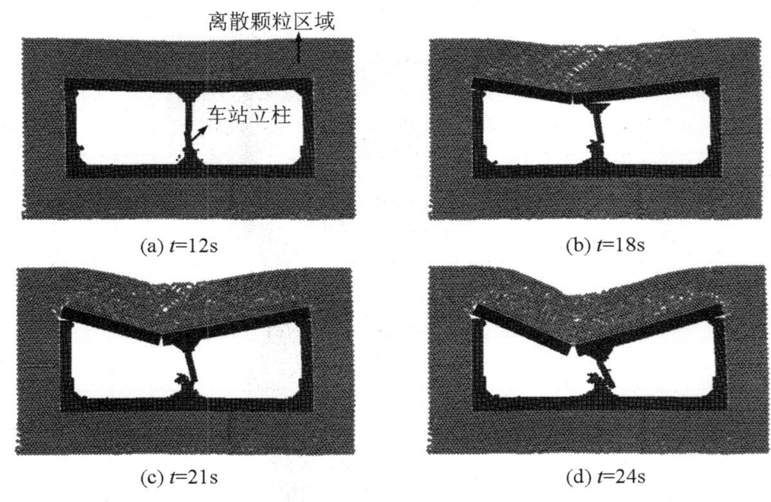

图 2.12　地震中车站破坏和土体变形过程

2.5　小　结

离散-连续耦合的核心在于：①耦合边界的连续性；②细观模型的宏观属性与连续模型一致。本章给出了两种新的方法，对于耦合方法的两个核心问题予以补充和完善：

(1) 新的边界耦合力提取方法。将提取边界上等效节点力转化为适于 Lagrange 乘子法求解的优化问题，以强化在离散-连续耦合边界上等效节点力的相容性，将此方法嵌入离散-连续双尺度耦合动力模型。

(2) 离散颗粒的自振柱模拟方法。可以实现小应变下砂土的动模量模拟，完善了颗粒材料宏细观参数联系的模拟方法。

最后给出两个算例。首先，基于耦合模型进行列车振动下隧道和土体响应的模拟，比较耦合模型和连续模型模拟得到水平加速度时程曲线；两种模型得到的结果是很接近的，水平向和竖向加速度最大值的相对误差分别只有 6.3%和 4.4%。然后，对神户地震中大开地铁车站坍塌过程进行模拟，模拟得到的车站破坏形式与文献中现场情况非常接近。

第3章　流体-离散颗粒耦合动力分析方法

3.1　概　述

基于流体-离散颗粒耦合模拟饱和土体时，流体方程包括质量和动量守恒方程，但是目前这种流体方程都是基于空间网格固定的 Eulerian 描述，而实际试验中往往涉及流体边界移动。

需要考虑流体边界移动的典型情况：①如图 3.1 所示的基于流体-离散颗粒耦合的循环双轴数值试验(动三轴的二维离散颗粒模拟)；②如图 3.2 所示的包含饱和砂土和地下结构的振动台试验。对于如图 3.1 所示的循环双轴或动三轴模拟，目前是基于试样体积不变的假设等效流体的作用来模拟液化[127—131]，在模拟效果上能良好再现循环载荷下有效应力降低的过程；但对于如图 3.2 所示的振动台试验，模拟时既无法实现体积不变，也无法考虑流体边界移动。因此，已有文献计入流体质量和动量守恒方程时，也只是针对具有

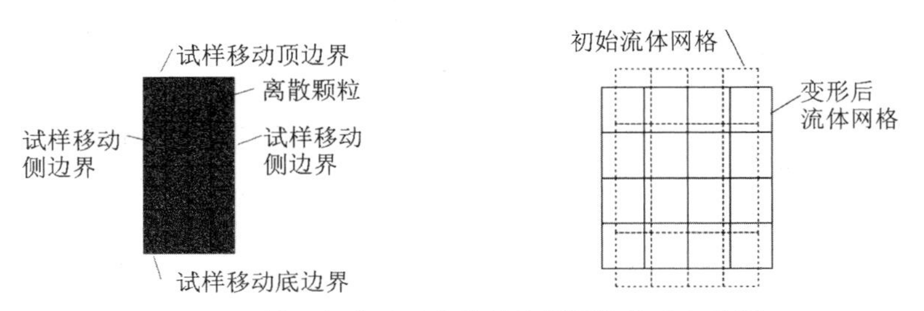

图 3.1　循环加载试验中流体边界网格移动示意图

周期边界的颗粒集合体试样进行模拟[83—85,132]，没有包含地下结构等需考虑流体边界移动的情况。综上所述，无法考虑流体边界移动，限制了流体-离散颗粒耦合模型在饱和土体问题中的应用。

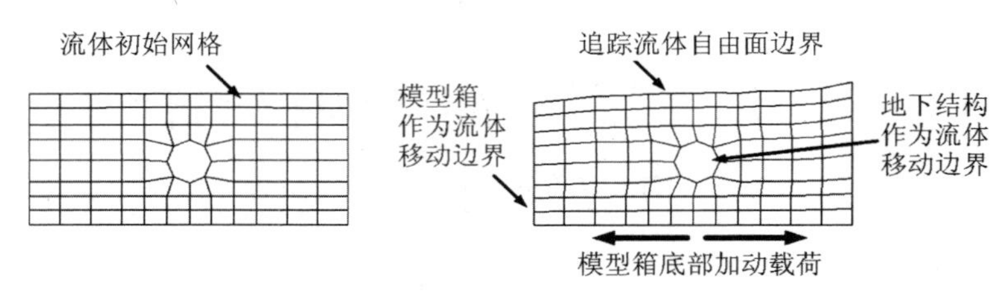

图 3.2　振动台试验中流体边界移动示意图

本章围绕流体-离散颗粒耦合分析中的流体边界移动及其应用，主要研究内容如下：

(1) 建立流固耦合下可考虑边界网格移动的流体微分方程，相比已有流体-离散颗粒耦合模型中的流体方程，本章引入适用于控制流体边界网格移动的 ALE(arbitrary Lagrangian-Eulerian)描述项及流体的体积模量，以考虑流体的微可压缩性；用 CBS(characteristic-based split)方法对所建立的微分方程进行分离分步，使其适用于标准 Galerkin 离散以获得其有限元格式，并将其编写为 C++程序添加至离散元软件 PFC 中。

(2) 建立适用于流固耦合的伺服围压算法。首先建立土体和伺服墙的弹簧-振子模型，然后应用动态规划得到这个最优控制问题的 Hamilton-Jacobi-Bellman 方程，最后推导伺服力的闭环反馈控制函数。

(3) 结合以上两点，对于如图 3.1 所示的小试样移动边界问题，实现循环载荷下流体-离散颗粒耦合的液化模拟。

3.2　适用于边界网格移动的流体方程

3.2.1　建立流固耦合中基于 ALE 描述的流体微分方程

本节所述的流体方程都包括质量守恒和动量守恒方程。在单纯的流体方程中，为实现流体边界网格移动，已发展了各种成熟方法；而在已有的流体-离散颗粒耦合模型中，流体方程没有引入控制边界网格移动的机制。因此，这里综合了前人的上述成果，建立流固耦合中适用于边界网格移动的流体微分方程。

不考虑流体边界移动时，流体微分方程一般采用 Eulerian 描述。在 Eulerian 描述中，空间坐标是固定的且不随流体质点移动，在有限元离散后表现为空间网格固定。若空间坐标随流体质点移动，则称为 Lagrangian 描述；这时用有限元离散流体微分方程后，计算过程中需重新划分网格，以避免网格过分扭曲。对于流体移动边界问题，最直接的方法是采用流体微分方程的 Lagrangian 描述，但计算过程中的网格重划分给应用带来了困难。

ALE 方法是直接在流体微分方程中引入参考坐标系，这时对微分方程中的参考坐标系项离散可得节点速度向量，这些参考坐标系节点速度可用于指定网格移动速度。这种参考坐标系综合了 Eulerian 和 Lagrangian 描述的特点，称为 ALE 描述。当参考坐标系在空间固定时，ALE 描述退化为 Eulerian 描述；而当参考坐标系随物质点运动时，ALE 描述退化为 Lagrangian 描述[61]。

流体的 ALE 描述最早出现在有限差分的框架下[62—64]，后来被引入有限元领域[65,66]，其典型的应用在于考虑流体边界移动问题，如流体自由表面波追踪模拟[67—75]、流体与结构相互作用[76]和移动桶中液体晃动的模拟[77]。

这里从基本的质量守恒和动量守恒方程出发，先给出流体微可压缩条件下(考虑流体的体积模量)的流固耦合控制方程，然后在这些方程中引入适用于网格移动的 ALE 方法，以满足流固耦合模拟中流体边界移动的要求。

从最基本的守恒方程开始，推导包含流体微可压缩条件和网格移动的流固耦合控制方程是必要的；从完整的推导过程中，可以清楚地看到流体方程不同的等效形式、流固耦合力如何施加至流体上，以及网格移动是如何引入的。

不考虑流固耦合时，完整的流体质量守恒和动量守恒方程推导过程可参见文献[61]。为说明本文采用的流体控制方程形式，这里先简述其过程，再添加流体中离散颗粒作用力项和适用于网格移动的 ALE 项。

在推导之前，先引入可压缩流体压强 p 与密度 ρ 的关系[35]：

$$c^2 = \frac{\partial p}{\partial \rho} \tag{3.1}$$

其中，c 为流体中声速，与流体密度 ρ 和体积模量 K 有如下关系：

$$c^2 = \frac{K}{\rho} \tag{3.2}$$

(1) 引入已有文献中微可压缩流体（考虑流体体积模量）控制方程的两种形式

(a) 微可压缩条件下的流体质量守恒方程

质量守恒要求在任意空间域 Ω 中质量对时间的全微分为 0，即

$$\frac{\mathrm{D}}{\mathrm{D}t}\int_{\Omega}\rho(X,t)\,\mathrm{d}\Omega = 0 \tag{3.3}$$

其中，$\rho(X,t)$ 是空间域 Ω 中的密度，它是空间和时间的函数；大写的 X 表示空间随物质点移动的 Lagrangian 描述，这时材料没有从域 Ω 的边界上穿过。

通过 Reynold 转换定理[61]，将式(3.3)对时间的全微分从积分号外移到积分号内，并将变量改为 Eulerian 描述；设 i 方向速度为 u_i，则有如下两个等价的质量守恒方程：

$$\frac{\partial\rho}{\partial t} + \rho_{,i}u_i + \rho u_{i,i} = 0 \tag{3.4}$$

$$\frac{\partial\rho}{\partial t} + (\rho u_i)_{,i} = 0 \tag{3.5}$$

将式(3.1)代入式(3.4)和式(3.5)，则有如下两个等价的质量守恒方程：

$$\frac{1}{c^2}\frac{\partial p}{\partial t} + \rho_{,i}u_i + \rho u_{i,i} = 0 \tag{3.6}$$

$$\frac{1}{c^2}\frac{\partial p}{\partial t} + (\rho u_i)_{,i} = 0 \tag{3.7}$$

从偏导数的概念上很容易看出以上两式是等价的。Belytschko 等[61]对于流体方程采用增加基于小参数摄动的扰动项的 SUPG 方法，质量守恒方程采用式(3.4)，并在此基础上给出质量守恒方程的网格移动 ALE 方程。Zienkiewicz 等[35]对于流体方程采用基于分步算法和特征线分离的 CBS 方法，质量守恒方程采用式(3.5)。

(b) 微可压缩条件下的流体动量守恒方程

在任意域 Ω 中，密度为 ρ，i 方向流速为 u_i，体力为 b，作用在边界 Γ 上的面力为 t。动量守恒要求在任意域 Ω 中满足如下等式：

$$\frac{\mathrm{D}}{\mathrm{D}t}\int_{\Omega}\rho u_i \mathrm{d}t = \int_{\Omega}\rho b_i \mathrm{d}\Omega + \int_{\Gamma} t_i \mathrm{d}\Gamma \tag{3.8}$$

通过 Reynold 转换定理，式(3.8)等号左边可转换为

$$\frac{\mathrm{D}}{\mathrm{D}t}\int_{\Omega}\rho u_i \mathrm{d}t = \int_{\Omega}\left[\rho\frac{\mathrm{D}u_i}{\mathrm{D}t} + v_j\underline{\left(\frac{\mathrm{D}\rho}{\mathrm{D}t} + \rho\frac{\partial u_j}{\partial x_j}\right)}\right]\mathrm{d}\Omega \tag{3.9}$$

式(3.9)等号右边加下划线的一项等同于质量守恒方程式(3.8)或式(3.9)，等于 0。式(3.8)中的面积分由 Gauss 定理可得

$$\int_{\Gamma} t_i \mathrm{d}\Gamma = \int_{\Omega}\frac{\partial\sigma_{ij}}{\partial x_i}\mathrm{d}\Omega \tag{3.10}$$

应力 σ_{ij}、压强 p 和偏应力 τ_{ij} 有如下关系：

$$\sigma_{ij} = \tau_{ij} - \delta_{ij}p \tag{3.11}$$

其中，

$$p = \begin{cases} -\dfrac{1}{2}\sigma_{kk}, \text{二维} \\ -\dfrac{1}{3}\sigma_{kk}, \text{三维} \end{cases} \tag{3.12}$$

$$\delta_{ij} = \begin{cases} 1, i = j \\ 0, i \neq j \end{cases} \tag{3.13}$$

将式(3.9)～式(3.11)代入式(3.8)，有如下的动量守恒方程：

$$\rho\frac{\partial v_i}{\partial t} + \rho v_j\frac{\partial v_i}{\partial x_j} = \frac{\partial\tau_{ij}}{\partial x_j} - \frac{\partial p}{\partial x_i} + \rho b_i \tag{3.14}$$

由式(3.14)等号左边的等效形式，动量守恒方程也可写为

$$\frac{\partial(\rho u_i)}{\partial t} + \frac{\partial(u_j.\rho u_i)}{\partial x_j} = \frac{\partial\tau_{ij}}{\partial x_j} - \frac{\partial p}{\partial x_i} + \rho b_i \tag{3.15}$$

在式(3.14)和式(3.15)中，引入网格移动 ALE 算法时只需修改等号左边的对流项。Belytschko 等[61]基于式(3.14)的形式，在动量守恒方程中给出了网格移动的 ALE 方程。Zienkiewicz 等[35]给出一般形式的 CBS 算法，采用的是式(3.15)。

(2) 微可压缩条件下流体的流固耦合方程

流固耦合时，设流体密度为 ρ，颗粒集合体的孔隙率为 $\bar{n}$，多孔介质中流体的平均密度为 $\bar{\rho}$，则有如下关系：

$$\bar{\rho} = \rho.\bar{n} \tag{3.16}$$

(a) 微可压缩条件下颗粒集合体中的流体质量守恒方程

将式(3.5)中的 ρ 设为 $\bar{\rho}$,并将式(3.16)代入式(3.5),可得如下质量守恒方程:

$$\frac{\partial \rho . \bar{n}}{\partial t}+(\bar{n}\rho u_i)_{,i}=0 \tag{3.17}$$

将式(3.17)展开并应用式(3.1),可得

$$\rho\frac{\partial \bar{n}}{\partial t}+\frac{\bar{n}}{c^2}\frac{\partial \rho}{\partial t}+\bar{n}(\rho v_i)_{,i}+(\bar{n})_{,i}\rho u_i=0 \tag{3.18}$$

在这里,假定一个单元中颗粒集合体的平均孔隙率处处相等(各单元的平均孔隙率不一定相等),则有 $(\bar{n})_{,i}=0$;由式(3.18),多孔介质中质量守恒方程可写为

$$\frac{1}{c^2}\frac{\partial p}{\partial t}+\frac{\partial(\rho u_i)}{\partial x_i}+\frac{\rho}{\bar{n}}\frac{\partial \bar{n}}{\partial t}=0 \tag{3.19}$$

(b) 微可压缩条件下颗粒集合体中的流体动量守恒方程

将式(3.15)中的 ρ 设为 $\bar{\rho}$,并将式(3.16)代入式(3.15);假定颗粒对流体的作用力为 $(f_{\text{int}})_i$,参考文献[133,158]中对于 $\frac{\partial \tau_{ij}}{\partial x_j}$ 和 $\frac{\partial p}{\partial x_i}$ 的处理,设多孔介质中 $\frac{\partial \tau_{ij}}{\partial x_j}$ 和 $\frac{\partial p}{\partial x_i}$ 分别为 $\bar{n}\frac{\partial \tau_{ij}}{\partial x_j}$ 和 $\bar{n}\frac{\partial p}{\partial x_i}$,可得如下动量守恒方程:

$$\frac{\partial(\bar{n}\rho u_i)}{\partial t}+\frac{\partial(u_j . \bar{n}\rho u_i)}{\partial x_j}=\bar{n}\frac{\partial \tau_{ij}}{\partial x_j}-\bar{n}\frac{\partial p}{\partial x_i}+\bar{n}\rho b_i+(f_{\text{int}})_i \tag{3.20}$$

式(3.20)等号左边展开有

$$\begin{aligned}&\bar{n}\frac{\partial(\rho u_i)}{\partial t}+\bar{n}\frac{\partial(u_j . \rho u_i)}{\partial x_j}+\rho u_i\frac{\partial \bar{n}}{\partial t}+\underline{u_j . \rho u_i\frac{\partial \bar{n}}{\partial x_j}}\\&=\bar{n}\frac{\partial \tau_{ij}}{\partial x_j}-\bar{n}\frac{\partial p}{\partial x_i}+\bar{n}\rho b_i+(f_{\text{int}})_i\end{aligned} \tag{3.21}$$

在这里,假定一个单元中颗粒集合体的平均孔隙率处处相等(各单元的平均孔隙率不一定相等),则有 $(\bar{n})_{,i}=0$;同时,假定一个单元中平均孔隙率随时间变化非常微小,以致 $\rho u_i\frac{\partial \bar{n}}{\partial t}$ 项可以忽略。略去式(3.21)中下划线项,则由式(3.21),动量守恒方程可写为

$$\frac{\partial(\rho u_i)}{\partial t}+\frac{\partial(u_j . \rho u_i)}{\partial x_j}=\frac{\partial \tau_{ij}}{\partial x_j}-\frac{\partial p}{\partial x_i}+\rho b_i+\frac{1}{\bar{n}}(f_{\text{int}})_i-\frac{1}{\bar{n}}\rho u_i\frac{\partial \bar{n}}{\partial t} \tag{3.22}$$

(3) 建立流固耦合下 ALE 描述中微可压缩条件下的流体方程

ALE 描述综合了 Lagrangian 描述和 Eulerian 描述，在流体有限元问题中既能避免 Eulerian 描述中移动边界追踪的困难，又能避免 Lagrangian 描述中网格过分扭曲以致必须重新划分网格，从而实现人为控制网格移动的目的。注意，ALE 描述是将参考坐标系直接引入了守恒微分方程，因此，得到的 ALE 方程在空间上可以用有限元离散，也可以用有限差分或无网格等方法离散。

在单纯的流体方程中，Belytschko 等[61]给出如下 ALE 描述中完整的质量和动量守恒方程。

质量守恒方程[61]（连续方程）：

$$\frac{\partial \rho}{\partial t}+(u_i-\hat{u}_i)\frac{\partial \rho}{\partial x_i}+\rho u_{k,k}=0 \tag{3.23}$$

动量守恒方程[61]：

$$\rho\frac{\partial u_i}{\partial t}+\rho(u_j-\hat{u}_j)\frac{\partial u_i}{\partial x_j}=\sigma_{ij,j}+\rho b_i \tag{3.24}$$

式(3.23)和式(3.24)中，$\hat{u}_i$ 是参考坐标系的速度。比较质量守恒方程式(3.19)和式(3.23)，可得 ALE 描述中微可压缩条件下流固耦合方程中的流体质量守恒方程：

$$\frac{1}{c^2}\frac{\partial p}{\partial t}+\frac{\partial(\rho u_i)}{\partial x_i}-\frac{1}{c^2}\hat{u}_i\frac{\partial p}{\partial x_i}+\frac{\rho}{\bar{n}}\frac{\partial \bar{n}}{\partial t}=0 \tag{3.25}$$

比较动量守恒方程式(3.22)和式(3.24)，可得 ALE 描述中微可压缩条件下流固耦合方程中的流体动量守恒方程：

$$\frac{\partial(\rho u_i)}{\partial t}+\frac{\partial(u_j.\rho u_i)}{\partial x_j}-\rho\hat{u}_j\frac{\partial u_i}{\partial x_j}=\frac{\partial \tau_{ij}}{\partial x_j}-\frac{\partial p}{\partial x_i}+\rho b_i+\frac{1}{\bar{n}}(f_{\text{int}})_i \tag{3.26}$$

3.2.2　基于特征线分离(CBS)方法对所建立的方程分离分步

流体质量守恒方程和动量守恒方程的离散，包括空间离散和时间离散。基于 Eulerian 描述和 ALE 描述的流体微分方程离散后，其对流项矩阵是非对称的，这种非对称性造成标准 Galerkin 离散流体方程形成的有限元形式并不是方程的最近似解，并且此时得到的数值解在空间可能有虚假振荡[34]。需选择合适的流速形函数和压强形函数的组合，以使有限元离散后满足稳定性条件,这时得到的数值解在空间不会有虚假振荡。一般情况下,基于等低阶流速和压强形函数的组合,用标准 Galerkin 方法离散流体微分方程,是无法回避此限制条件的,结果是导致压强的虚假数值振荡。非等阶的流速和压强形函数组合增加了离散流体微分方程和实现流体网格移动的困难。

对于瞬态流动问题,目前应用较广的主要有两类行之有效的方法,可以让等低阶的流速和压强形函数直接应用至离散流体控制微分方程。一类是对加权余量法的权函数增加扰动项,如 SUPG(streamline upwind/Petrov-Galerkin)方法[34]和 Galerkin 最小二乘法(Galerkin least squares,GLS)[43];另一类是基于特征线的分离(characteristic-based split,CBS)算法[52,53]。

本文参考 CBS 算法对流固耦合下 ALE 描述中微可压缩条件下的流体方程进行分离。

考察适用于 CBS 算法[52]分离的单纯流体控制方程,与本文得到的 ALE 描述中微可压缩条件下的流体流固耦合控制方程进行比较,可以发现:

(1) 对于质量守恒方程,这里的差别在于增加了适用于网格移动的参考坐标系项$\frac{1}{c^2}\hat{u}_i\frac{\partial p}{\partial x_i}$和孔隙率变化项$\frac{\rho}{\bar{n}}\frac{\partial \bar{n}}{\partial t}$;

(2) 对于动量守恒方程,这里的差别在于增加了适用于网格移动的 ALE 格式的参考坐标系项 $\rho\hat{u}_j\frac{\partial u_i}{\partial x_j}$,离散颗粒对流体的作用力项$\frac{1}{\bar{n}}(f_{\text{int}})_i$,以及孔隙率变化项$\frac{1}{\bar{n}}\rho u_i\frac{\partial \bar{n}}{\partial t}$。

可以看到,这种差别并不影响 CBS 算法对这里建立的流体方程的直接应用。现在基于 CBS 算法,对本文得到的包含流固耦合作用力和 ALE 格式的控制微分方程进行分离。分离的格式参见文献[35]中的 A 格式。

对于质量守恒方程式(3.25),考虑有限步长,则级数展开有

$$\begin{aligned}\left(\frac{1}{c^2}\right)^n\Delta p &= -\Delta t\frac{\partial U_i^{n+\theta_1}}{\partial x_i}+\Delta t\cdot\frac{1}{\bar{n}c^2}\hat{u}_i\frac{\partial p}{\partial x_i}-\Delta t\cdot\frac{\rho}{\bar{n}}\frac{\partial \bar{n}}{\partial t}\\ &= -\Delta t\left(\frac{\partial U_i^n}{\partial x_i}+\theta_1\frac{\partial \Delta U_i}{\partial x_i}\right)+\Delta t\cdot\frac{1}{c^2}\hat{u}_i\frac{\partial p}{\partial x_i}-\Delta t\cdot\frac{\rho}{\bar{n}}\frac{\partial \bar{n}}{\partial t}\end{aligned}\tag{3.27}$$

其中,上标 n 表示第 n 时步,θ_1 是因级数展开引入的项。

定义密度 ρ 与速度 u_i 的乘积 U_i：

$$U_i = \rho u_i \tag{3.28}$$

每一时步速度的增量 ΔU 分为两部分 ΔU^* 和 ΔU^{**}：

$$\Delta U = \Delta U^* + \Delta U^{**} \tag{3.29}$$

在动量守恒方程式(3.26)中，考虑在有限步长 Δt 并且级数展开，则速度与密度的乘积的增量分为两部分，设

$$\Delta U_i^* = \Delta t \cdot \left[-\frac{\partial}{\partial x_j}(u_j U_i) + \frac{\partial \tau_{ij}}{\partial x_j} + \rho g_i + \frac{1}{\bar{n}}(f_{\text{int}})_i - \underline{\frac{1}{\bar{n}}\rho u_i \frac{\partial \bar{n}}{\partial t}} + \rho \hat{u}_j \frac{\partial u_i}{\partial x_j}\right]^n + \Delta t \cdot \left[\frac{\Delta t}{2} u_k \frac{\partial}{\partial x_k}\left(\frac{\partial}{\partial x_j}(u_j U_i) - \rho g_i - \frac{1}{\bar{n}}(f_{\text{int}})_i + \underline{\frac{1}{\bar{n}}\rho u_i \frac{\partial \bar{n}}{\partial t}}\right)\right]^n \tag{3.30}$$

$$\Delta U_i^{**} = -\Delta t \frac{\partial p^{n+\theta_2}}{\partial x_i} + \frac{\Delta t^2}{2} u_k^n \frac{\partial^2 p^n}{\partial x_k \partial x_i} \tag{3.31}$$

式(3.30)和式(3.31)中，上标 n 表示第 n 时步，θ_2 是因级数展开引入的项，式(3.30)下划线项表示流固耦合时孔隙率引起的项。

将动量方程中的 ΔU_i^{**} 部分，即式(3.31)代入质量守恒方程式(3.27)，可得

$$\left(\frac{1}{c^2}\right)^n \Delta p = -\Delta t\left[\frac{\partial U_i^n}{\partial x_i} + \theta_1 \frac{\partial \Delta U_i^*}{\partial x_i} - \theta_1 \cdot \Delta t \frac{\partial}{\partial x_i}\left(\frac{\partial p^{n+\theta_2}}{\partial x_j} - \frac{\Delta t}{2} u_k^n \frac{\partial^2 p^2}{\partial x_k \partial x_j}\right)\right] + \Delta t \cdot \frac{1}{c^2} \hat{u}_i \frac{\partial p}{\partial x_i} - \Delta t \cdot \frac{\rho}{\bar{n}} \frac{\partial \bar{n}}{\partial t} \tag{3.32}$$

式(3.32)出现了 Δt 的 2 次方项，在用 CBS 算法分离流体方程并且流速和压强等阶插值时，这项对于流体方程的稳态问题[35]和瞬态问题[159]可以起到避免压强振荡的作用。

在对流体方程进行如上分离后，求解顺序如下：

(1) 求解方程式(3.30)，获得密度与速度乘积的第一部分增量 ΔU_i^*；

(2) 求解方程式(3.32)，获得压强增量 Δp；

(3) 求解方程式(3.31)，获得密度与速度乘积的第二部分增量 ΔU_i^{**}。

3.2.3 有限元离散

设有限元网格 I 节点上流体和压强的形函数分别为 N_I^f 和 N_I^p，单元总节点数为 m；设流体形函数向量$[N^f]$和压强形函数向量$[N^p]$如下：

$$[N^f]=[N_1^f,N_2^f,\cdots,N_m^f] \tag{3.33}$$

$$[N^p]=[N_1^p,N_2^p,\cdots,N_m^p] \tag{3.34}$$

对于二维问题，设$[N_u]$如下：

$$[N_u]=\begin{bmatrix}[N^f],[0]_{1\times m}\\ [0]_{1\times m},[N^f]\end{bmatrix} \tag{3.35}$$

设单元节点上速度与密度乘积向量为$\{U_i^{\text{node}}\}$，节点上 i 方向速度与密度乘积的增量为$\{\Delta U_i^{\text{node}}\}$，$\{\Delta U_i^{\text{node}}\}$由$\{\Delta U_i^{*\,\text{node}}\}$和$\{\Delta U_i^{**\,\text{node}}\}$组成；节点上速度向量为$\{u_i^{\text{node}}\}$，压强向量为$\{p^{\text{node}}\}$，压强增量向量为$\{\Delta p^{\text{node}}\}$。

这时单元内任意一点上的速度与密度乘积 U_i，速度与密度乘积的增量 ΔU_i，ΔU_i^* 和 ΔU_i^{**}，速度 u_i，压强 p，压强增量 Δp 可分别表示为

$$U_i = [N_u]\{U_i^{\text{node}}\} \tag{3.36}$$

$$\Delta U_i = [N_u]\{\Delta U_i^{\text{node}}\} \tag{3.37}$$

$$\Delta U_i^* = [N_u]\{\Delta U_i^{*\,\text{node}}\} \tag{3.38}$$

$$\Delta U_i^{**} = [N_u]\{\Delta U_i^{**\,\text{node}}\} \tag{3.39}$$

$$u_i = [N_u]\{u_i^{\text{node}}\} \tag{3.40}$$

$$p = [N^p]\{p^{\text{node}}\} \tag{3.41}$$

$$\Delta p = [N^p]\{\Delta p^{\text{node}}\} \tag{3.42}$$

采用 Galerkin 加权余量法获得离散后的有限元方程。这里对于式(3.30)和式(3.32)试函数采用流体形函数，对于式(3.32)试函数采用压强形函数。在第一步中略去 Δt^2 项。第一步中每个节点的流体形函数 N_I^f 与方程式(3.30)的乘积在单元全域上的积分为 0，第二步中每个节点的压强形函数 N_I^p 与方程式(3.32)的乘积在单元全域上的积分为 0，第三步中每个节点的流体形函数 N_I^f 与方程式(3.31)的乘积在单元全域上的积分为 0，则有如下控制方程的弱形式：

$$\int_{\Omega} N_I^f \cdot \Delta U_i^* \mathrm{d}\Omega =$$

$$\int_{\Omega} N_I^f \cdot \Delta t \cdot \left[-\frac{\partial}{\partial x_j}(u_j U_i)+\frac{\partial \tau_{ij}}{\partial x_j}+\left(\rho g_i+\frac{1}{\bar{n}}(f_{\mathrm{int}})_i\right)+\rho \hat{u}_j \frac{\partial u_i}{\partial x_j}-\frac{1}{\bar{n}}\rho u_i \frac{\partial \bar{n}}{\partial t}\right]^n \mathrm{d}\Omega \tag{3.43}$$

$$\int_{\Omega} N_I^p \cdot \left(\frac{1}{\bar{n}c^2}\right)^n \Delta p \mathrm{d}\Omega =$$

$$\int_{\Omega} N_I^p \cdot (-\Delta t)\left[\frac{\partial U_i^n}{\partial x_i}+\theta_1 \frac{\partial \Delta U_i^*}{\partial x_i}-\theta_1 \cdot \Delta t \frac{\partial}{\partial x_i}\left(\frac{\partial p^{n+\theta_2}}{\partial x_i}-\frac{\Delta t}{2}u_k^n \frac{\partial^2 p^2}{\partial x_k \partial x_i}\right)-\frac{1}{\bar{n}c^2}\hat{u}_i \frac{\partial p}{\partial x_i}+\frac{\rho}{\bar{n}}\frac{\partial \bar{n}}{\partial t}\right]\mathrm{d}\Omega \tag{3.44}$$

$$\int_{\Omega} N_I^f \cdot \Delta U_i^{**} \mathrm{d}\Omega = \int_{\Omega} N_I^f\left(-\Delta t \frac{\partial p^{n+\theta_2}}{\partial x_i}+\frac{\Delta t^2}{2}u_k^n \frac{\partial^2 p^n}{\partial x_k \partial x_i}\right)\mathrm{d}\Omega \tag{3.45}$$

式(3.43)对应分步算法的第一步求得节点上密度与速度乘积的第一部分增量向量$\{\Delta U_i^{*\,\mathrm{node}}\}$，式(3.44)对应第三步求得节点上压强向量$\{p^{\mathrm{node}}\}$，式(3.45)对应第三步求得节点上密度与速度乘积的第二部分增量向量$\{\Delta U_i^{**\,\mathrm{node}}\}$。

(1) 第一步的有限元方程

由式(3.43)可以获得第一步的有限元方程：

$$[M_u]\{\Delta U^{*\,\mathrm{node}}\}=$$

$$(-1)\cdot \Delta t \cdot [([C_u]\{U^{\mathrm{node}}\}-[C_{gu}]\{u^{\mathrm{node}}\}+[K_\tau]\{u^{\mathrm{node}}\}-[f]+[C_n]\{U^{\mathrm{node}}\})]^n \tag{3.46}$$

式(3.46)中，上标 n 表示 n 时刻。对于二维问题，节点上变量$\{\Delta U^{*\,\mathrm{node}}\}$，$\{U^{\mathrm{node}}\}$和$\{u^{\mathrm{node}}\}$表示如下：

$$\{\Delta U^{*\,\mathrm{node}}\}=\{\{\Delta U_1^{\mathrm{node}}\}^{\mathrm{T}},\{\Delta U_2^{\mathrm{node}}\}^{\mathrm{T}}\}^{\mathrm{T}} \tag{3.47}$$

$$\{U^{\mathrm{node}}\}=\{\{U_1^{\mathrm{node}}\}^{\mathrm{T}},\{U_2^{\mathrm{node}}\}^{\mathrm{T}}\}^{\mathrm{T}} \tag{3.48}$$

$$\{u^{\mathrm{node}}\}=\{\{u_1^{\mathrm{node}}\}^{\mathrm{T}},\{u_2^{\mathrm{node}}\}^{\mathrm{T}}\}^{\mathrm{T}} \tag{3.49}$$

各矩阵如下：

$$[M_u]=\begin{bmatrix}\int_{\Omega}[N^f]^{\mathrm{T}}[N^f]\mathrm{d}\Omega,[0]_{m\times m}\\ [0]_{m\times m},\int_{\Omega}[N^f]^{\mathrm{T}}[N^f]\mathrm{d}\Omega\end{bmatrix} \tag{3.50}$$

$$[C_u]=\begin{bmatrix}\int_\Omega [N^f]^T\left[\frac{\partial(u_1[N_f])}{\partial x_1}+\frac{\partial(u_2[N_f])}{\partial x_2}\right]d\Omega,[0]_{m\times m}\\ [0]_{m\times m},\int_\Omega [N^f]^T\left[\frac{\partial(u_1[N_f])}{\partial x_1}+\frac{\partial(u_2[N_f])}{\partial x_2}\right]d\Omega\end{bmatrix} \tag{3.51}$$

$$[C_{gu}]=\begin{bmatrix}\int_\Omega [N^f]^T\rho\left[\frac{\partial(\hat{u}_1[N_f])}{\partial x_1}+\frac{\partial(\hat{u}_2[N_f])}{\partial x_2}\right]d\Omega,[0]_{m\times m}\\ [0]_{m\times m},\int_\Omega [N^f]^T\rho\left[\frac{\partial(\hat{u}_1[N_f])}{\partial x_1}+\frac{\partial(\hat{u}_2[N_f])}{\partial x_2}\right]d\Omega\end{bmatrix} \tag{3.52}$$

其中，矩阵$[C_{gu}]$起到网格移动的作用，$\hat{u}_i$ 表示参考坐标系的移动速度。

$$[K_\tau]=\int_\Omega [B]^T\cdot\mu\cdot\begin{bmatrix}1,-1,0\\-1,1,0\\0,0,1\end{bmatrix}[B]d\Omega \tag{3.53}$$

其中，$[K_\tau]$表示采用牛顿流体的本构关系，$[B]$表示如下：

$$[B]=\begin{bmatrix}\frac{\partial[N^f]}{\partial x_1},[0]_{1\times m}\\ [0]_{1\times m},\frac{\partial[N^f]}{\partial x_2}\\ \frac{\partial[N^f]}{\partial x_2},\frac{\partial[N^f]}{\partial x_1}\end{bmatrix} \tag{3.54}$$

$$[f]=\int_\Omega\begin{bmatrix}[N^f]^T\cdot\left(\rho g_1+\frac{1}{\bar{n}}(f_{int})_1\right)\\ [N^f]^T\cdot\left(\rho g_2+\frac{1}{\bar{n}}(f_{int})_2\right)\end{bmatrix}d\Omega+\int_\Gamma\begin{bmatrix}[N^f]^T\tau_X\\ [N^f]^T\tau_Y\end{bmatrix}d\Gamma \tag{3.55}$$

其中，τ_X，τ_Y 表示边界上的力。

$$[C_n]=\frac{1}{\bar{n}}\frac{\partial\bar{n}}{\partial t}\begin{bmatrix}\int_\Omega [N^f]^T[N^f]d\Omega,[0]_{m\times m}\\ [0]_{m\times m},\int_\Omega [N^f]^T[N^f]d\Omega\end{bmatrix} \tag{3.56}$$

(2) 第二步的有限元方程

由式(3.44)可获得第二步的有限元方程：

$$([M_p]+\Delta t^2\theta_1\theta_2[H])\{\Delta p^{node}\}=$$
$$\Delta t([G_a]\{U^{node}\}^n+\theta_1[G]\{\Delta U^{*\,node}\}-\Delta t\cdot\theta_1[H]\{p^{node}\}^n+[G_{ale}]\{p^{node}\}^n-[G_c]) \tag{3.57}$$

其中，上标 n 表示 n 时刻。对于二维问题，各矩阵表述如下：

$$[M_p]=\int_\Omega\left(\frac{1}{\bar{n}c^2}\right)^n[N^p]^{\mathrm{T}}[N^p]\mathrm{d}\Omega \tag{3.58}$$

$$[H]=\int_\Omega\left(\frac{\partial[N^p]^{\mathrm{T}}}{\partial x_1}\frac{\partial[N^p]}{\partial x_1}+\frac{\partial[N^p]^{\mathrm{T}}}{\partial x_2}\frac{\partial[N^p]}{\partial x_2}\right)\mathrm{d}\Omega \tag{3.59}$$

$$[G]=\int_\Omega\left[\frac{\partial[N^p]^{\mathrm{T}}}{\partial x_1},\frac{\partial[N^p]^{\mathrm{T}}}{\partial x_2}\right]\begin{bmatrix}[N^f],[0]_{1\times m}\\ [0]_{1\times m},[N^f]\end{bmatrix}\mathrm{d}\Omega \tag{3.60}$$

$$[G_{\mathrm{a}}]=(-1)\cdot\int_\Omega\left[[N^p]^{\mathrm{T}}\frac{\partial[N^f]}{\partial x_1},[N^p]^{\mathrm{T}}\frac{\partial[N^f]}{\partial x_2}\right]\mathrm{d}\Omega \tag{3.61}$$

$$[G_{\mathrm{ale}}]=\int_\Omega\left(\frac{1}{c^2}\right)^n[N^p]^{\mathrm{T}}\left[\hat{u}_1\frac{\partial[N^p]}{\partial x_1}+\hat{u}_2\frac{\partial[N^p]}{\partial x_2}\right]\mathrm{d}\Omega \tag{3.62}$$

$$[G_{\mathrm{c}}]=\int_\Omega\left(\frac{\rho}{\bar{n}}\frac{\partial\bar{n}}{\partial t}\right)^n[N^p]^{\mathrm{T}}\mathrm{d}\Omega \tag{3.63}$$

式(3.57)中等号右边的 $\theta_1[H]\{p^{\mathrm{node}}\}^n$ 项是时间步长 Δt 的二次方系数，保留这一项可以避免压力场在空间的振荡[2,4,5]。这里得到的 $[G_{\mathrm{a}}]$ 和 $[H]$ 是在对式(3.44)应用 Green 积分中曲线积分与面积分的关系(三维中应用 Gauss 积分)且进行项合并得到的，其过程可参见文献[52]。矩阵 $[G_{\mathrm{ale}}]$ 表示网格移动项，$\hat{u}_i$ 表示参考坐标系的移动速度。

(3) 第三步的有限元方程

由式(3.45)可得第三步的有限元方程：

$$\{\Delta U^{**\mathrm{node}}\}=$$
$$(-1)\cdot[M_u]^{-1}\cdot\Delta t\cdot\left[[G]^{\mathrm{T}}(\{p^{\mathrm{node}}\}^n+\theta_2\{\Delta p^{\mathrm{node}}\})+\frac{\Delta t}{2}\cdot[P]\{p^{\mathrm{node}}\}^n\right] \tag{3.64}$$

其中，上标 n 表示 n 时刻，$[M_u]$ 与第一步中相同，$[G]^{\mathrm{T}}$ 为第二步中 $[G]$ 的转置。对于二维问题，矩阵 $[P]$ 表述如下：

$$[P]=\int_\Omega\begin{bmatrix}\left[\frac{\partial(u_1[N^f]^{\mathrm{T}})}{\partial x_1}+\frac{\partial(u_2[N^f]^{\mathrm{T}})}{\partial x_2}\right]\frac{\partial[N^p]}{\partial x_1}\\ \left[\frac{\partial(u_1[N^f]^{\mathrm{T}})}{\partial x_1}+\frac{\partial(u_2[N^f]^{\mathrm{T}})}{\partial x_2}\right]\frac{\partial[N^p]}{\partial x_2}\end{bmatrix}\mathrm{d}\Omega \tag{3.65}$$

在以上有限元格式中，第二步保留含 Δt^2 的项 $\Delta t^2\cdot\theta_1[H]\{p^{\mathrm{node}}\}^n$，这项起到防止压力场在空间的虚假振荡作用。参考在不可压缩流体(不包括流固耦合项)的ALE模拟中[159],忽略除 $\Delta t^2 \cdot \theta_1[H]\{p^{\text{node}}\}^n$ 项的各 Δt^2 项。对于本文得到的流体有限元格式,通过数值试验,不考虑流固耦合和ALE描述下的网格移动项时,在保留 $\Delta t^2 \cdot \theta_1[H]\{p^{\text{node}}\}^n$ 项的情况下,比较是否包含其他 Δt^2 项的层流计算结果,发现差别甚微。因此在模拟时,对于包含 Δt^2 的各项,只保留 $\Delta t^2 \cdot \theta_1[H]\{p^{\text{node}}\}^n$ 项。

3.3 适用于流固耦合的围压伺服算法

本小节建立了适用于流体-离散颗粒耦合问题的围压伺服算法。

离散元可以从细观颗粒尺度上直接模拟砂土的力学行为。模拟时,总是要涉及颗粒集合体细观参数和宏观参数的联系。例如,对于二维问题,在对颗粒集合体进行静模量模拟的双轴压缩数值试验[133]或模拟大应变下动力性质的循环双轴试验[127]中,都将颗粒集合体试样当成一个柱体,在试样的边界上用刚性墙约束颗粒;模拟时需先对试样各边界施加给定围压使其固结,在其后的模拟中需对试样的两侧边施加给定围压。在已有的适用于离散元模拟的伺服围压算法[133]中,通过统计与刚性墙接触的颗粒数来确定墙与颗粒系统的等效刚度,结合当前墙受颗粒的应力状态与所需达到的围压,确定每一时步伺服墙的速度。这种方法相当于将刚性墙当成没有质量的约束边界,而与墙接触的颗粒等效为弹簧。这种伺服围压算法适用于干砂的模拟,但并不适用于流固耦合模拟。

因此,这里从新的角度设计伺服围压算法:给伺服墙赋予虚拟的质量,将颗粒集合体试样对伺服墙的作用等效成弹簧,对于这个弹簧-质量块体系建立状态方程和伺服压力目标函数,然后应用动态规划,得到最优控制的Hamilton-Jacobi-Bellman(HJB)方程。求解HJB方程可以进而得到伺服力的闭环反馈控制函数。虽然基于动态规划原理的HJB方程[160]为最优反馈控制提供了一种一般性的方法,但HJB方程是一个非线性偏微分方程,一般情况下难以求得其解析解。目前有基于摄动法求解HJB方程[161,162],用Galerkin近似(Galerkin approximation)求解广义HJB方程[163],使用Crank-Nicolson方法的预测-校正格式数值求解HJB方程[164],对于边值问题的HJB方程建立最优性能指标函数和一类生成函数的关系[165],基于策略迭代

(policy iteration,PI)算法求解 HJB 方程以实现在线控制[166],通过用神经网络近似最优性能指标函数以实现 HJB 方程下的最优控制[167],用神经网络和最小二乘法逼近求解 HJB 方程[168],包含使用神经网络的迭代方案求解 HJB 方程[169],或避开求解 HJB 方程而建立的反转最优控制[170—172]。但以上方法的实现过程都显复杂,这里致力于寻找 HJB 方程的原函数以实现快速反馈控制;因此,结合固结稳定时系统的最优控制状态,调整目标函数给出 HJB 方程的解,以获得伺服力函数。

建立这个优化控制模型的目的在于:设计一个适用于干砂和饱和砂的伺服围压算法,在诸如双轴数值试验等联系颗粒集合体宏细观参数的模拟中,不用统计与伺服墙接触的颗粒数,而仅依据伺服墙的运动和受力状态实现快速围压伺服。

3.3.1　建立围压伺服控制的弹簧-振子模型

图 3.3 中颗粒集合体被 4 个刚性墙约束,墙的编号已在图中给出。为模拟颗粒集合体的宏观性质,先对试样施加围压固结,固结稳定后试样在各边界上受到刚性墙的压强等于指定围压,这涉及围压伺服控制。赋予边界墙虚拟质量,对于如图 3.3 所示的颗粒集合体试样及其 2 号边界墙,建立如图 3.4 所示的等效弹簧-振子模型。

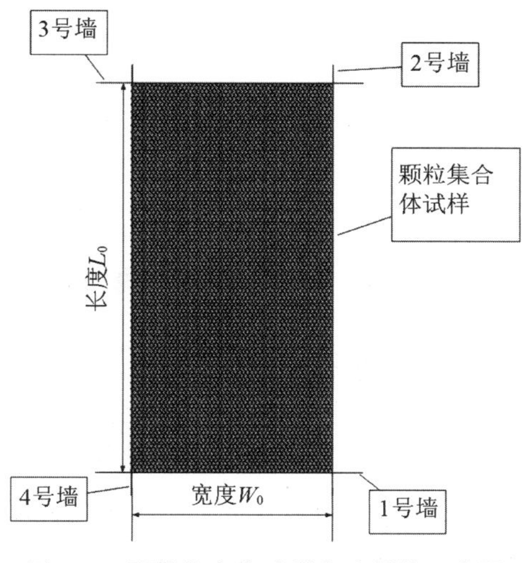

图 3.3　颗粒集合体试样和边界墙示意图

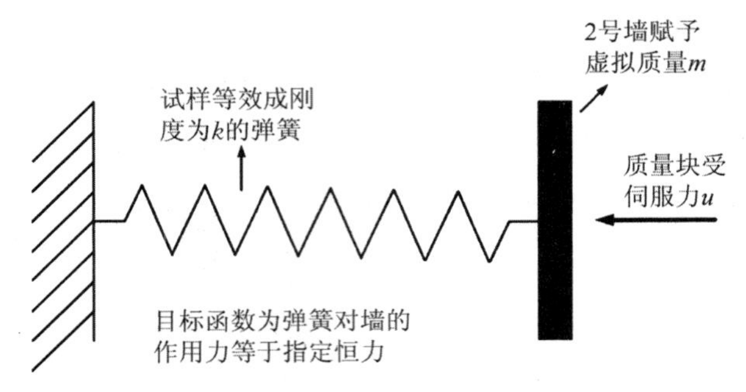

图 3.4 颗粒集合体和 2 号墙的等效弹簧-振子伺服模型图

这里给出图 3.3 中颗粒集合体试样和 2 号墙与图 3.4 中等效弹簧参数的联系。设图 3.3 中颗粒集合体试样的宏观杨氏模量为 E，泊松比为 ν，试样高度为 L_0，宽度为 W_0。在图 3.3 中设有一竖直面将试样分为对称两半；由于在模拟时试样各点应力应变相对此竖直面对称，这个竖直面上各点没有水平向位移，因此，只寻求试样右侧一半宽度的等效刚度。当试样竖直面右侧受水平拉力 F_h，而试样不同高度的水平向中点固定时，设试样水平向应力为 σ_h，水平向应变为 ε_h，试样右侧 2 号墙所在位置的位移为 Δx，则它们之间有如下关系：

$$\sigma_h = \frac{F_h}{L_0} \tag{3.66}$$

$$\varepsilon_h = \frac{\sigma_h}{E} \tag{3.67}$$

$$\Delta x = \frac{W_0}{2}\varepsilon_h \tag{3.68}$$

图 3.4 中弹簧等效刚度设为 k，当弹簧右端受拉力 F_h，其伸长为 Δx，则有如下关系：

$$k = \frac{F_h}{\Delta x} \tag{3.69}$$

综合式(3.66)～式(3.69)，可得弹簧等效刚度与试样参数的关系：

$$k = \frac{L_0 E_0}{\frac{W_0}{2}} \tag{3.70}$$

由式(3.70)得到的是不考虑竖向应变时的等效刚度，当试样受循环双轴试验时，循环竖向应变为 ε_v，水平向应变为 $-\nu\varepsilon_v$，这时试样高度和宽度都是时间的函数，相应地，图 3.4 中弹簧等效刚度也是时间的函数。设竖向应变随时间的变化如下：

$$\varepsilon_v = \frac{\varepsilon_0[\cos(\omega t)-1]}{2} \tag{3.71}$$

其中，ε_0 为应变的幅值，ω 为载荷角频率。竖向高度 $l(t)$ 和水平宽度 $w(t)$ 如下：

$$l(t) = L_0(1+\varepsilon_v) \tag{3.72}$$

$$w(t) = W_0(1-\nu\varepsilon_v) \tag{3.73}$$

将式(3.72)和式(3.73)代入式(3.70)，得到试样的等效弹簧刚度 $k(t)$：

$$k(t) = \frac{L_0}{\frac{W_0}{2}}\frac{(1+\varepsilon_v)}{(1-\nu\varepsilon_v)}E = \frac{L_0E_0}{\frac{W_0}{2}}\frac{1+\varepsilon_0\frac{[\cos(\omega t)-1]}{2}}{1-\nu\varepsilon_0\frac{[\cos(\omega t)-1]}{2}} \tag{3.74}$$

3.3.2　建立伺服控制的 HJB 方程并推导其解析解

在如图 3.4 所示的弹簧-振子系统中，设质量块质量为 m，质量块受伺服力 u 和弹簧的共同作用，伺服要求实现弹簧对质量块的作用力稳定在 F。设质量块位移为 x，速度为 $\dot{x}$，加速度为 $\ddot{x}$，弹簧对质量块的作用力为 $-kx$。由牛顿第二定律，质量块的运动方程为

$$m\ddot{x} = -kx + u \tag{3.75}$$

为建立弹簧-振子系统的状态方程，设 $x_1 = x, x_2 = \dot{x}, X = [x_1, x_2]^{\mathrm{T}}$；由位移和速度的关系，以及式(3.75)，给出如下的状态方程：

$$\begin{cases} \dot{x}_1 = x_2 \\ \dot{x}_2 = -\dfrac{k}{m}x_1 + \dfrac{u}{m} \end{cases} \tag{3.76}$$

式(3.76) 也可写成

$$\dot{X}(t) = f[X, u, t] \tag{3.77}$$

性能指标泛函中，要求在起始时间 t_0 至终止时间 t_f 中，弹簧对质量的作用力与指定恒力的差值最小。另外，为建立 Hamilton-Jacobi-Bellman 方程，加入伺服力 u 的平方项，则性能指标泛函如下：

$$J = \int_{t_0}^{t_f} L(X(t), u(t), t)\mathrm{d}t = \int_{t_0}^{t_f}[(-kx_1+F)^2 + u^2]\mathrm{d}t \tag{3.78}$$

其中，$L(X(t),u(t),t)=(-kx_1+F)^2+u^2$。需要找到最优控制 $u^*(t)$，以实现最优性能指标：

$$\begin{aligned} V(X(t),t) &= \min_{u\in U}\left\{\int_{t_0}^{t_f} L(X(t),u^*(t),t)\mathrm{d}t\right\} \\ &= \min_{u\in U}\left\{\int_{t_0}^{t_f}[(-kx_1+F)^2+u^{*2}]\mathrm{d}t\right\} \end{aligned} \tag{3.79}$$

其中，$\min\limits_{u\in U}$ 表示在控制集合 U 中寻找最优控制 $u^*(t)$。为求解最优控制 $u^*(t)$，应用基于动态规划原理的 Hamilton-Jacobi-Bellman 方程[160,161]：

$$-\frac{\partial V}{\partial t}=\min_{u\in U}\left\{L(X,u,t)+\left(\frac{\partial V}{\partial X}\right)^{\mathrm{T}}\cdot f(x,u,t)\right\} \tag{3.80}$$

从而得到这里伺服控制的 HJB 方程：

$$-\frac{\partial V}{\partial t}=\frac{\partial V}{\partial x_1}\cdot x_2+\frac{\partial V}{\partial x_2}\cdot\left(-\frac{k}{m}x_1+\frac{u}{m}\right)+(-kx_1+F)^2+u^2 \tag{3.81}$$

求解步骤：先对式(3.81)求控制 u 的偏导数，再将 u 的表达式代回式(3.81)中，得到关于 V 的非线性偏微分方程，然后根据 V 求得最优控制 $u^*(t)$。对式(3.81)求 u 的偏导数得到最优控制：

$$u^*(t)=-\frac{1}{2m}\frac{\partial V}{\partial t} \tag{3.82}$$

将式(3.82)代入式(3.81)得到

$$-\frac{\partial V}{\partial t}=-\frac{1}{4}\frac{1}{m^2}\left(\frac{\partial V}{\partial x_2}\right)^2+\frac{\partial V}{\partial x_1}\cdot x_2+\frac{\partial V}{\partial x_2}\cdot\left(-\frac{k}{m}x_1\right)+(-kx_1+F)^2 \tag{3.83}$$

求解式(3.83)，可以进而得到最优控制 $u^*(t)$。但是 HJB 方程难以得到解析解，而这里希望找到最优性能指标 V 的一个原函数，避免数值求解 HJB 非线性偏微分方程，以实现快速闭环反馈控制。当弹簧-振子系统处于伺服平衡状态，受到的扰动很小，且弹簧刚度不变，质量块的速度 $x_2\approx 0$，位移 $x_1\approx F/k$，则 Fe^{mx_2} 退化为 F，kx_1 约等于 F，改写最优性能指标为

$$V(X(t),t)=\min_{u\in U}\left\{\int_{t_0}^{t_f}[(-kx_1+Fe^{mx_2})^2+(kx_1)^2+u^{*2}]\mathrm{d}t\right\} \tag{3.84}$$

由式(3.84)和状态方程重新得到 HJB 方程：

$$-\frac{\partial V}{\partial t}=-\frac{1}{4}\frac{1}{m^2}\left(\frac{\partial V}{\partial x_2}\right)^2+\frac{\partial V}{\partial x_1}\cdot x_2+\frac{\partial V}{\partial x_2}\cdot\left(-\frac{k}{m}x_1\right)+ \\ (-kx_1+Fe^{mx_2})^2+(kx_1)^2 \tag{3.85}$$

由于这时系统处于平衡状态，$V(x(t),t)$不随时间变化，有$\frac{\partial V}{\partial t}=0$，可以求得式(3.85)表示的 HJB 方程的解析解：

$$V=-2Fe^{mx_2} \tag{3.86}$$

求得伺服力函数：

$$u^*(t)=Fe^{mx_2} \tag{3.87}$$

可以发现，式(3.87)中伺服力只是质量块速度 x_2 和伺服控制指定力 F 的函数。虽然这里的伺服力函数是在弹簧刚度不变的情况下推求得到的，相当于图 3.3 中颗粒集合体接近固结完成时的情况；但将其应用至弹簧变刚度或颗粒集合体受循环载荷下的伺服围压控制，可以发现弹簧对质量块的作用力或伺服围压的波动非常小，这里得到的伺服力函数是满足应用要求的。重要的是，具有一个明确函数表达式的伺服力函数便于应用，且容易实现快速伺服控制。

3.3.3　伺服算例

本小节用得到的伺服力函数进行 3 例伺服数值试验，试验对象分别为弹簧-振子系统、离散颗粒试样和流体-离散颗粒耦合试样。每例数值试验时分两种情况：①第一种情况为固结伺服，让系统从不受外力的初始状态快速达到指定的伺服压力或围压状态；②第二种情况为循环载荷下伺服，对应于弹簧-振子系统中弹簧变刚度伺服控制，或颗粒集合体受竖向循环载荷时实现侧向围压伺服控制。采用如 Newmark 积分计算式(3.75)所示的质量块运动方程。

[算例 1]　在弹簧-振子模型中验证围压伺服算法。对于如图 3.4 所示的弹簧-振子系统，设位移为 x_1，速度为 x_2，刚度 $k=1.2\times10^8\text{N}\cdot\text{m}^{-1}$，质量块质量 $m=0.1\text{kg}$，需要达到的伺服力(弹簧对伺服墙的作用力)$F_a=64\text{kN}$。应用伺服力函数考察其效果：①让系统在不受力的初始状态快速达到指定恒力 F，这时弹簧刚度不变，相当于颗粒集合体固结至指定围压的过程，初始状态

$x_1 = 0|_{t=0}$，$x_2 = 0|_{t=0}$；②弹簧刚度如式(3.74)变化，要求质量块对弹簧右端的作用力为指定恒力 F，这时相当于图 3.3 中试样受竖向等幅应变而侧向受围压的过程。时间步长取10^{-5} s。

(1) 弹簧不变刚度(固结)

图 3.5 给出质量块在初始位移、速度和加速度为 0，且弹簧初始变形为 0 的情况下，快速运动到指定位置(相当于弹簧对质量块的作用力等于指定恒力)并稳定的过程；从图 3.5 可知，基于动态规划的伺服算法快速实现了这一目标。

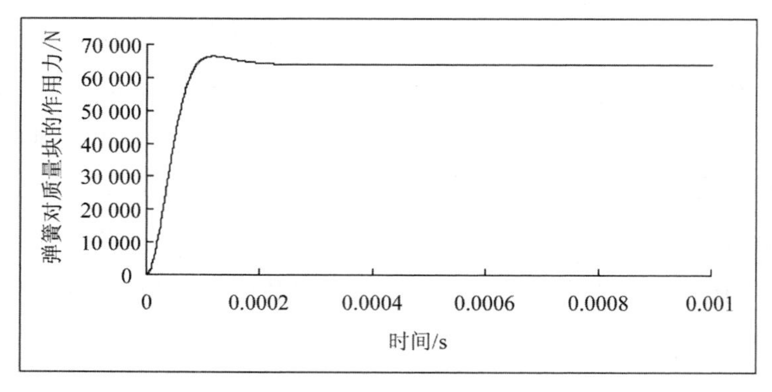

图 3.5　伺服墙受弹簧作用力时程曲线

(2) 弹簧变刚度(循环载荷)

弹簧对伺服墙作用力的波动 F_d 定义如下：

$$F_d = \frac{|F| - |F_k|}{|F|} \tag{3.88}$$

其中，$F = F_a(1 + \varepsilon_v)$ 为弹簧应受的伺服力，F_k 为弹簧实际作用于质量块上的力。

图 3.6 给出了不同竖向应变幅值时伺服墙受弹簧作用力波动时程曲线，图 3.7 给出了不同竖向应变频率时伺服墙受弹簧作用力波动时程曲线。表 3.1 给出了竖向应变幅值不同时伺服墙受弹簧作用力波动情况，表 3.2 给出了竖向应变频率不同时伺服墙受弹簧作用力波动情况。可知，应用基于动态规划得到的伺服算法时，竖向应变频率增大或幅值增大，弹簧受到质量块(伺服墙)的伺服力波动也增大。

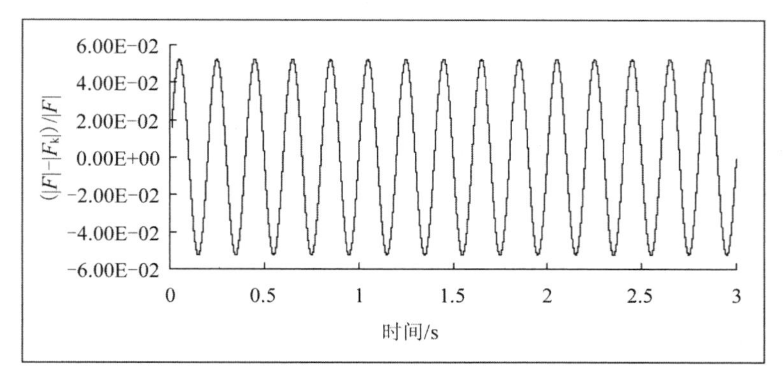

(a) 竖向应变 $\varepsilon_v=0.1$

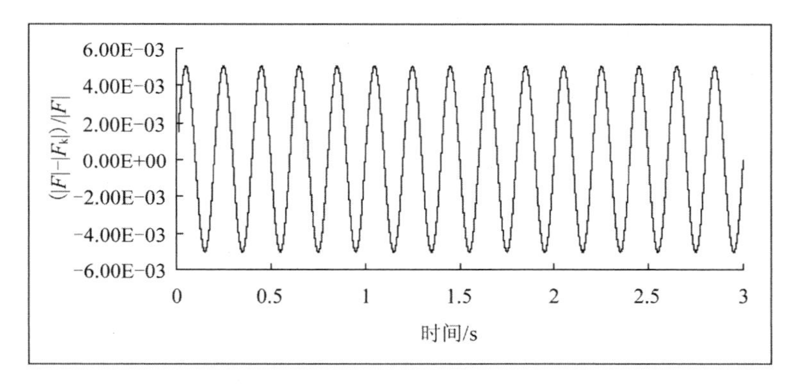

(b) 竖向应变 $\varepsilon_v=0.01$

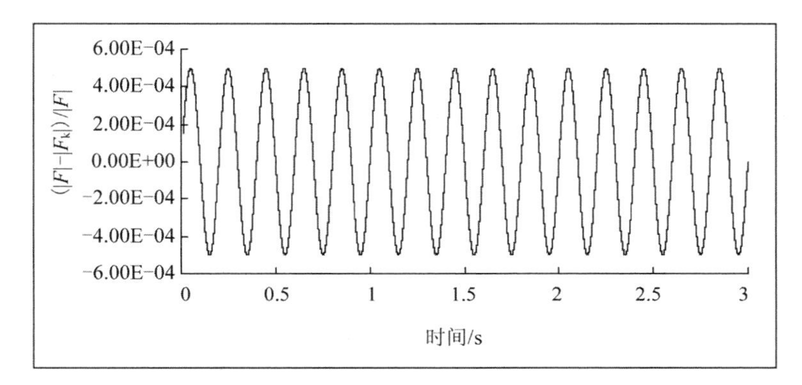

(c) 竖向应变 $\varepsilon_v=0.001$

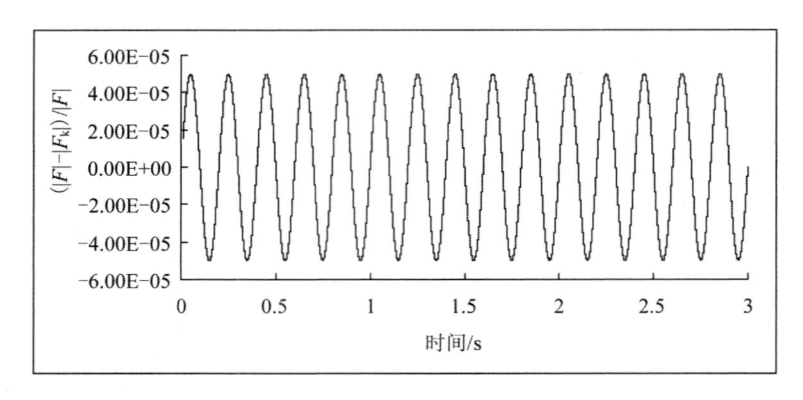

(d) 竖向应变 ε_v＝0.0001

图 3.6 竖向循环载荷时伺服墙受弹簧作用力波动时程曲线
(不同竖向应变幅值,频率为 5Hz)

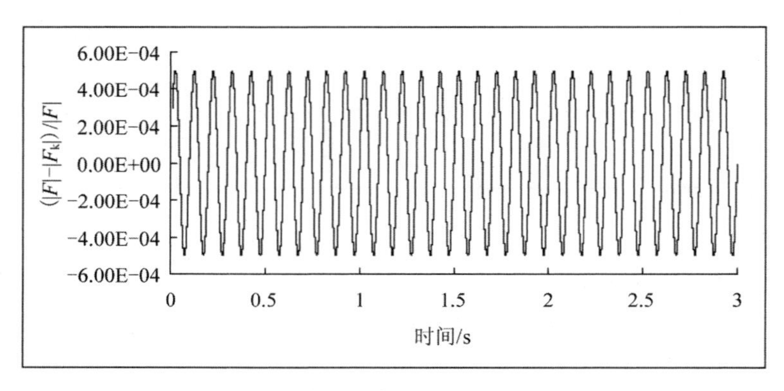

(a) 竖向应变频率 Frequency＝10Hz

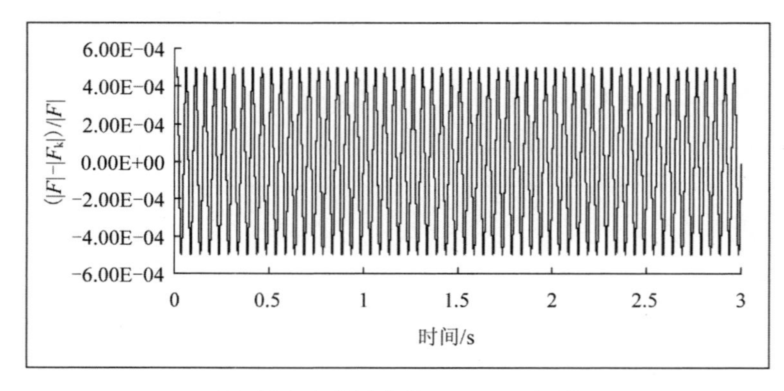

(b) 竖向应变频率 Frequency＝20Hz

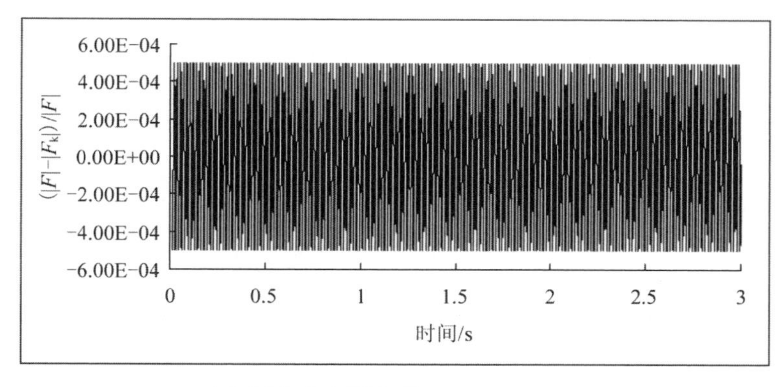

(c) 竖向应变频率 Frequency＝60Hz

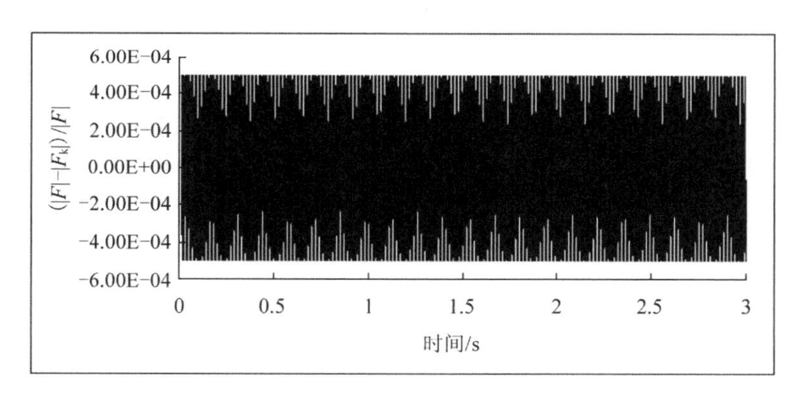

(d) 竖向应变频率 Frequency＝100Hz

图 3.7 竖向循环载荷时伺服墙受弹簧作用力波动时程曲线
(频率不同,竖向应变幅值为 10^{-3})

表 3.1 伺服墙受弹簧作用力波动情况(竖向应变幅值不同,频率为 5Hz)

竖向循环应变幅值	0.1	0.01	0.001	0.0001
$\max((\|F\|-\|F_k\|)/\|F\|)$	0.0526	0.005	5.0025×10^{-4}	5.0003×10^{-5}

表 3.2 伺服墙受弹簧作用力波动情况(竖向应变 0.001,频率不同)

竖向循环载荷频率/Hz	10	20	60	100
$\max((\|F\|-\|F_k\|)/\|F\|)$	5.0025×10^{-4}	5.0026×10^{-4}	5.003×10^{-4}	5.0039×10^{-4}

[算例 2] 在干砂中验证围压伺服算法。对于如图 3.3 所示的颗粒集合体

和边界墙，试样高度 $L_0=0.2$m，宽度 $W_0=0.1$m，刚度 $k=1.2\times10^8$ N·m^{-1}，各边界墙赋予虚拟质量 $m=0.1$kg，需要达到的伺服应力 $\sigma_{req}=320$kPa。考察应用伺服力函数时的效果：①让颗粒集合体从初始状态迅速达到指定围压状态，即颗粒集合体固结至指定围压的过程；②试样顶部和底部受循环载荷，对试样侧边施加围压。比较已有的伺服围压算法与本文提出的算法的效果，时间步长取 1.7×10^{-6}s。

数值试样的细观参数如表 3.3 所示，数值模拟需确定砂土的细观参数有颗粒半径 r、颗粒孔隙率 e、法向接触刚度 k_n、切向刚度 k_s、颗粒摩擦系数 f_c 和颗粒密度 ρ_s。

表 3.3　数值试样细观参数

细观参数	r/m	e	k_n/（N·m^{-1}）	k_s/（N·m^{-1}）	f_c	ρ_s/（kg·m^{-3}）
数值大小	0.001	0.09	3×10^8	3×10^8	3.0	2643

（1）试样固结至指定围压

图 3.8 给出了应用基于动态规划得到的伺服算法时，图 3.3 中各边界墙对应的伺服围压时程曲线。作为比较，图 3.9 给出采用 PFC 手册中的伺服围压算法，对同一问题得到的伺服围压时程曲线。采用基于动态规划得到的伺服围压算法，在时间至 0.003s 时，试样已固结至指定围压；而采用 PFC 手册中的算法时，在时间至 0.006s 时，试样还没有固结至指定围压。对于这一算例，基于动态规划得到的伺服围压算法比原有算法让试样更快平衡至伺服围压状态。另外，模拟中还发现，本算法在每一时步的模拟时所需时间小于原有算法；这是由于原有算法需搜索与伺服墙接触的颗粒，而本算法仅需确定伺服墙（赋予虚拟质量块）的运动状态和受力情况。

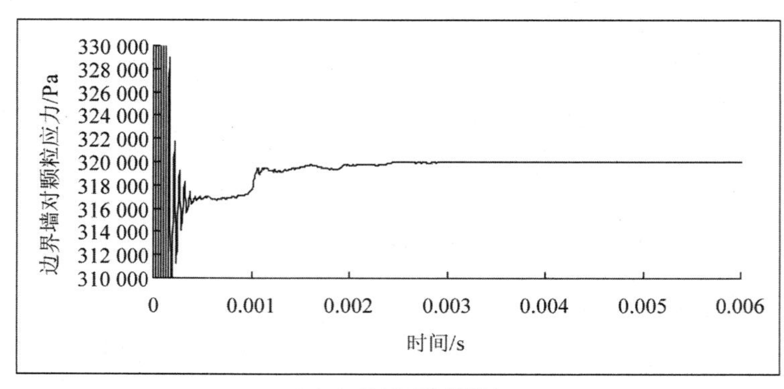

（a）1 号墙（底部墙）

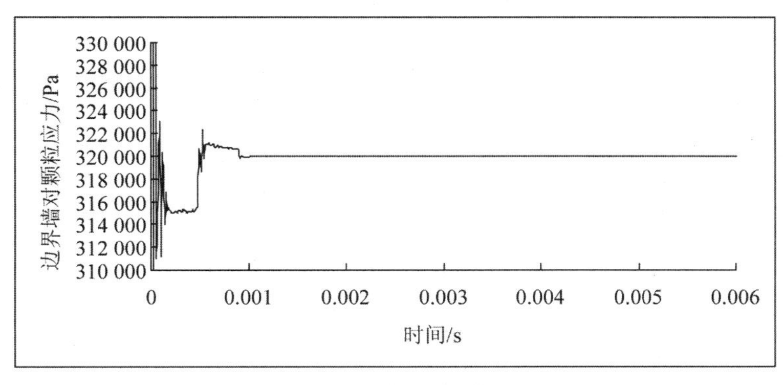

(b) 2 号墙(右侧墙)

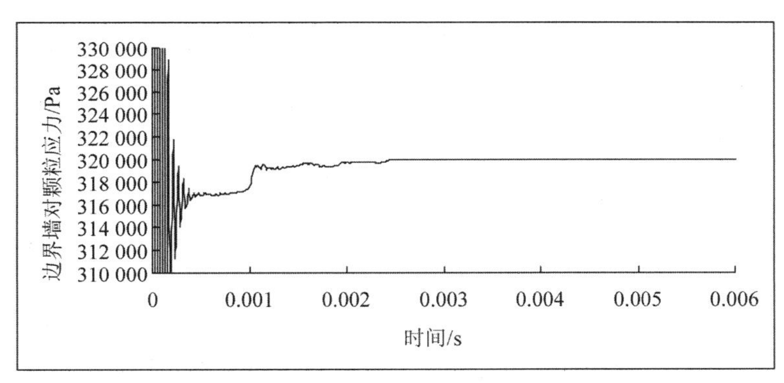

(c) 3 号墙(顶部墙)

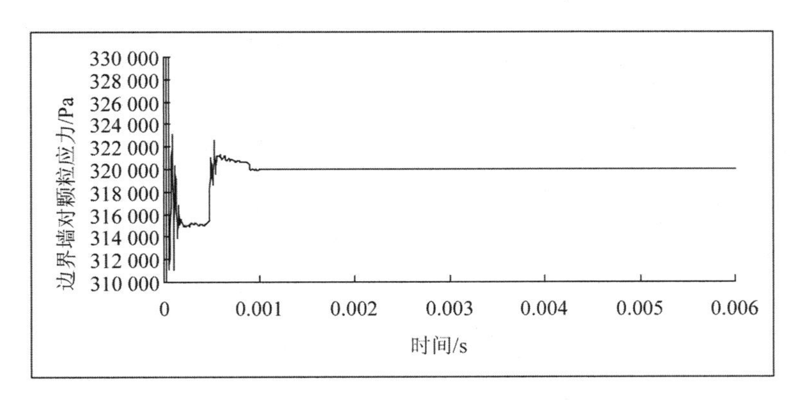

(d) 4 号墙(左侧墙)

图 3.8　试样固结至指定围压时边界墙上围压时程曲线
(基于动态规划得到的伺服算法)

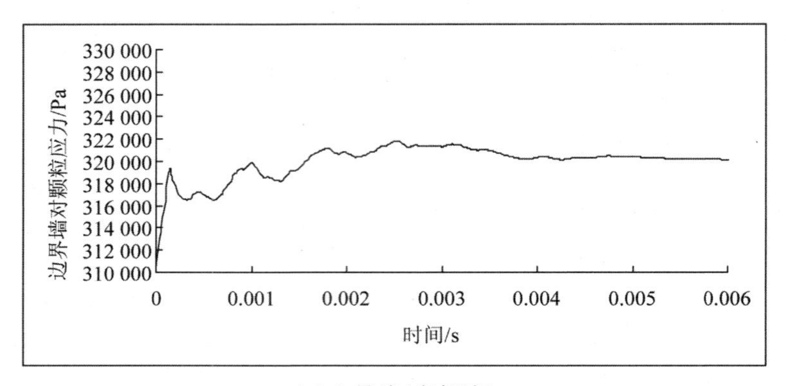

(a) 1 号墙(底部墙)

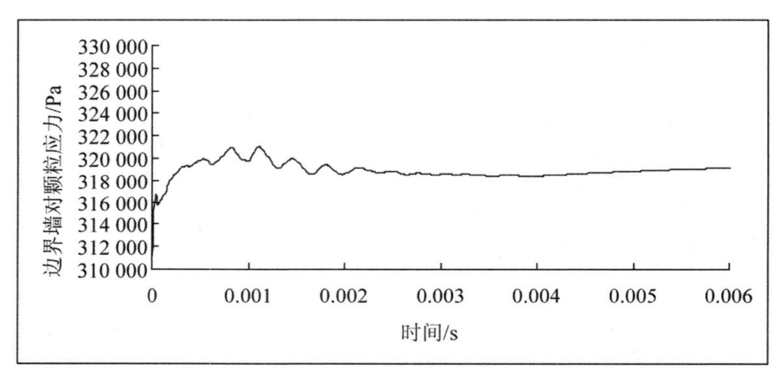

(b) 2 号墙(右侧墙)

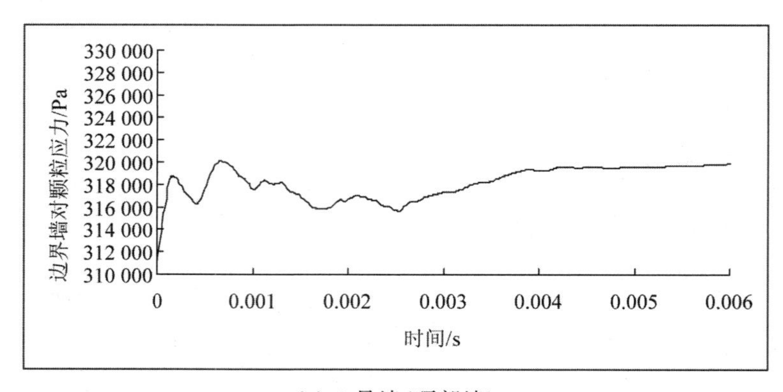

(c) 3 号墙(顶部墙)

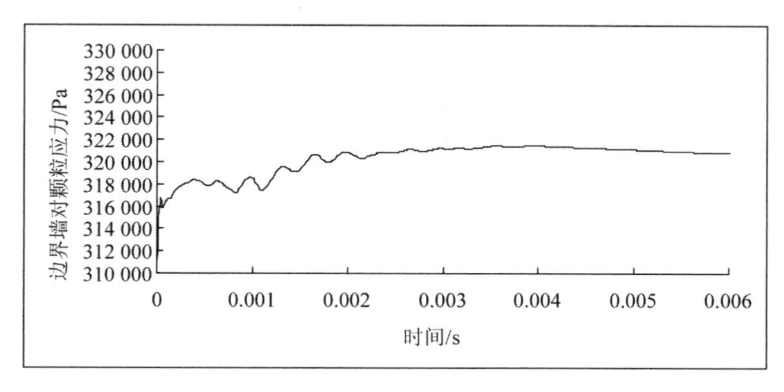

(d) 4 号墙(左侧墙)

图 3.9　试样固结至指定围压时边界墙上围压时程曲线
(PFC 手册中的伺服算法)

(2) 试样受竖向循环载荷时侧向围压伺服

图 3.10 和图 3.11 分别给出应用基于动态规划的伺服算法和 PFC 手册中的算法时,侧墙上伺服围压的波动情况。每一个伺服墙上应力波动比 σ_d 定义如下:

$$\sigma_d = \frac{|\sigma_{req}| - |\sigma_k|}{|\sigma_{req}|} \tag{3.89}$$

其中,σ_{req} 为应达到的伺服应力,σ_k 为伺服墙对颗粒集合体的实际伺服应力。应用基于动态规划的伺服算法时,2 号墙(右侧墙)的应力波动最大值为 2.3566×10^{-7},4 号墙(左侧墙)的应力波动最大值为 2.3494×10^{-7};应用 PFC 手册中的伺服算法时,2 号墙(右侧墙)的应力波动最大值为 3.2975×10^{-7},4 号墙(左侧墙)的应力波动最大值为 3.2645×10^{-7}。由此可知,对于这一算例,竖向循环载荷作用下,基于动态规划的伺服算法比原有伺服算法使试样侧向围压波动更小。

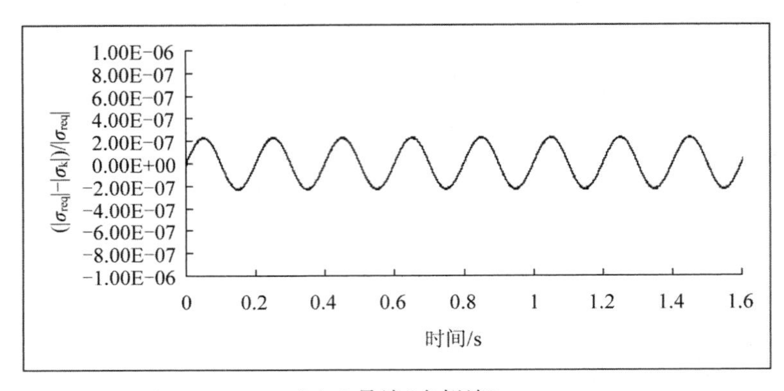

(a) 2 号墙(右侧墙)

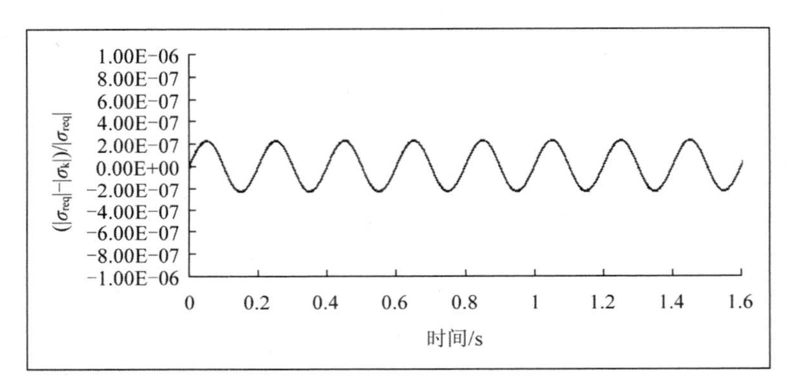

(b) 4 号墙(左侧墙)

图 3.10　围压伺服波动时程曲线(竖向应变频率 5Hz,幅值 0.001,基于动态规划得到的伺服算法)

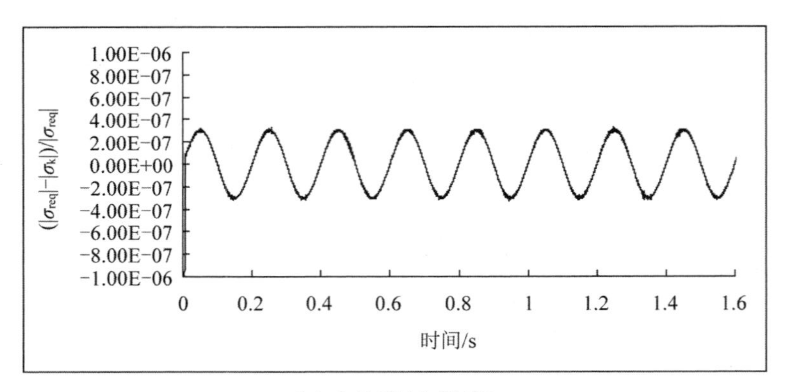

(a) 2 号墙(右侧墙)

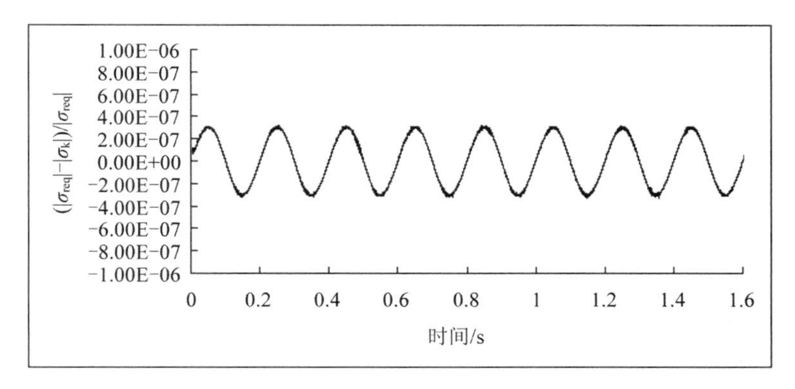

(b) 4 号墙(左侧墙)

图 3.11　围压伺服波动时程曲线(竖向应变频率 5Hz,幅值 0.001,基于 PFC 手册中的伺服算法)

图 3.12 和图 3.13 显示竖向载荷频率和幅值对侧向伺服围压的影响,表 3.4 和表 3.5 给出了不同竖向循环载荷频率和应变幅值时应力波动的最大值;可以发现,应力波动随竖向载荷应变幅值和频率的增大而增大,这与弹簧-振子模型中的结论是一致的。竖向最大应变为 10^{-3} 时,围压应力波动小于 10^{-6},这说明伺服围压的波动非常小。

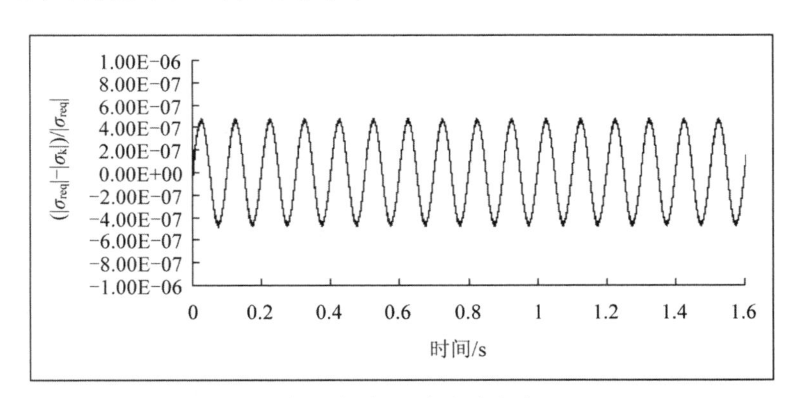

(a) 2 号墙(右侧墙,竖向应变频率 10Hz)

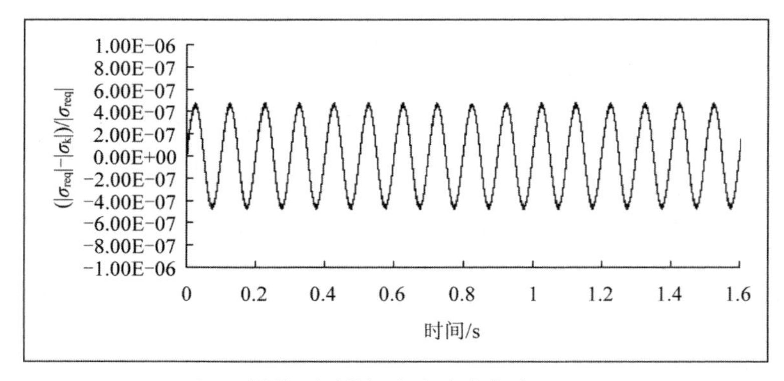

(b) 4 号墙(左侧墙,竖向应变频率 10Hz)

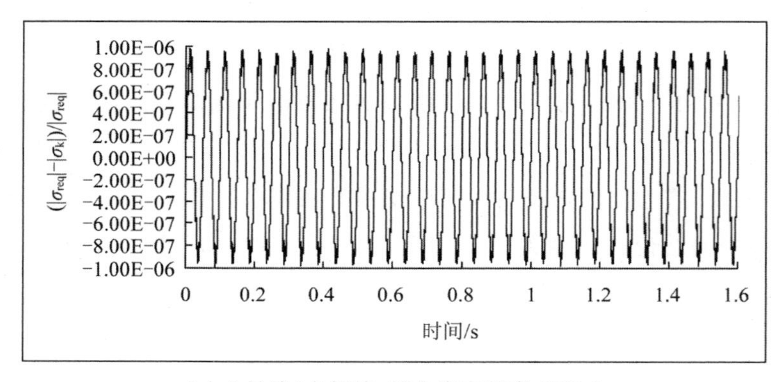

(c) 2 号墙(右侧墙,竖向应变频率 20Hz)

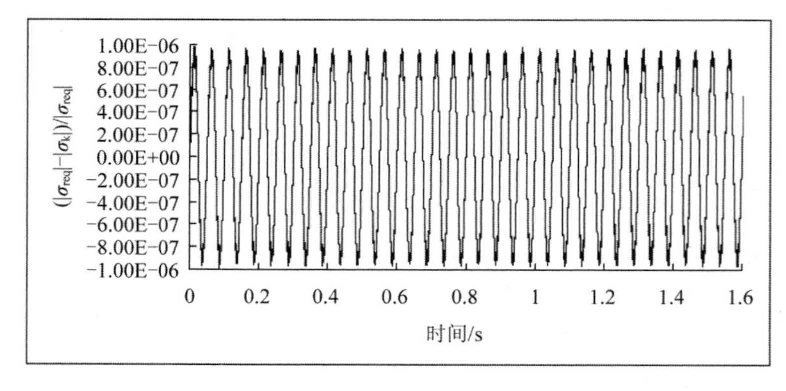

(d) 4 号墙(左侧墙,竖向应变频率 20Hz)

图 3.12 载荷频率对侧向伺服围压的影响(竖向应变幅值 0.001,基于动态规划得到的伺服算法)

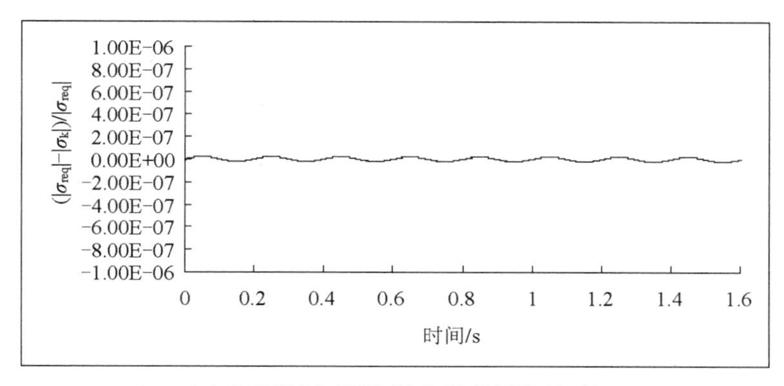

(a) 2 号墙(右侧墙,竖向应变幅值 10^{-4})

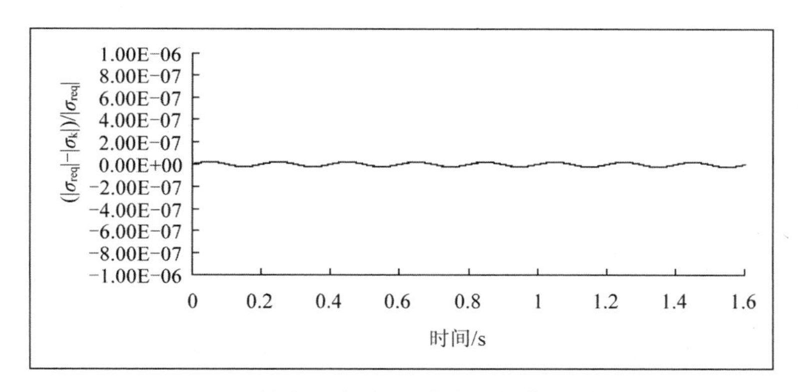

(b) 4 号墙(左侧墙,竖向应变幅值 10^{-4})

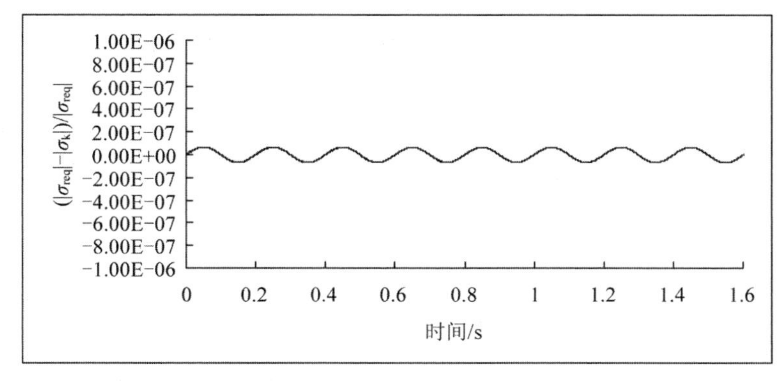

(c) 2 号墙(右侧墙,竖向应变幅值 3×10^{-4})

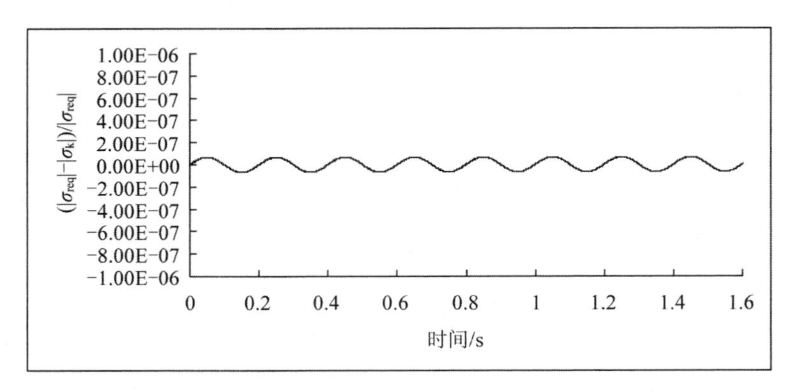

(d) 4 号墙(左侧墙,竖向应变幅值 3×10^{-4})

图 3.13 载荷幅值对侧向伺服围压的影响(竖向应变频率 5Hz,基于动态规划得到的伺服算法)

表 3.4 竖向循环载荷频率对侧向围压伺服的影响(竖向应变 10^{-3})

竖向循环应变频率/Hz	5	10	20
2 号墙(右侧墙) $\max\left(\frac{\lvert\sigma_{req}\rvert-\lvert\sigma_k\rvert}{\lvert\sigma_{req}\rvert}\right)$	2.3566×10^{-7}	4.8249×10^{-7}	9.8032×10^{-7}
4 号墙(左侧墙) $\max\left(\frac{\lvert\sigma_{req}\rvert-\lvert\sigma_k\rvert}{\lvert\sigma_{req}\rvert}\right)$	2.3494×10^{-7}	4.8295×10^{-7}	9.7436×10^{-7}

表 3.5 竖向循环载荷应变幅值对侧向围压伺服的影响(频率 5Hz)

竖向循环应变幅值	0.001	0.0003	0.0001
2 号墙(右侧墙) $\max\left(\frac{\lvert\sigma_{req}\rvert-\lvert\sigma_k\rvert}{\lvert\sigma_{req}\rvert}\right)$	2.3566×10^{-7}	6.9021×10^{-8}	2.2733×10^{-8}
4 号墙(左侧墙) $\max\left(\frac{\lvert\sigma_{req}\rvert-\lvert\sigma_k\rvert}{\lvert\sigma_{req}\rvert}\right)$	2.3494×10^{-7}	6.9021×10^{-8}	2.2771×10^{-8}

[算例 3] 在流固耦合饱和砂土中验证围压伺服算法。固相模型参数同[算例 2],初始围压为 160kPa,循环载荷频率为 5Hz,轴向循环应变幅值为 0.001,加入流体,考察流固耦合情况下伺服围压算法的有效性。流固耦合

时，整个模拟分 3 步进行：①只对离散颗粒集合体进行伺服围压，对试样的四个边界施加指定围压，这时不进行流体计算；②在试样顶部给定流体压强，这时固定试样的四个边界，流体与颗粒不进行耦合计算，对流体进行瞬态求解，循环计算至稳定；③对试样顶部和底部施加指定循环速度，在试样侧边进行伺服围压控制，使颗粒和流体在侧边的总压强为指定值。这里给出第 3 步中有效应力、孔隙水压力和伺服围压的模拟结果。

流体数值模拟需确定的参数有流体密度 ρ_f、流体声速 c、流体黏度 μ_f。由流体体积模量和流体密度可求得流体声速，在流体微分方程中流体体积模量表现流体的微可压缩性。流体参数如表 3.6 所示。

表 3.6　流体参数

细观参数	$\rho_f/(kg \cdot m^{-3})$	$c/(m \cdot s^{-1})$	μ_f
数值大小	1000	1482	0.001

图 3.14 给出试样侧边界的平均有效应力 σ'_x 随振动次数 N 变化，图3.15 给出试样侧边界的平均孔隙水压力随振动次数 N 变化，图 3.16 给出试样侧边界伺服围压(孔隙水压力和有效应力之和)随振动次数 N 变化。从模拟结果可以看出，对应于循环载荷，水平向有效应力、孔压和伺服围压表现出波动性。伺服围压的波动小于 0.063%，说明伺服围压的有效性。

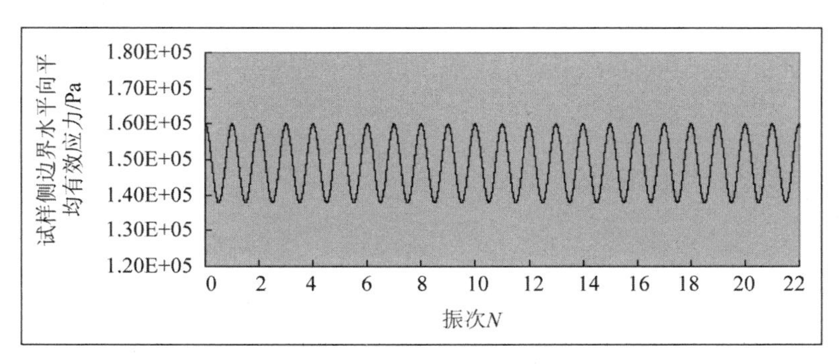

图 3.14　试样侧边界水平向平均有效应力 σ'_x 随振动次数 N 变化

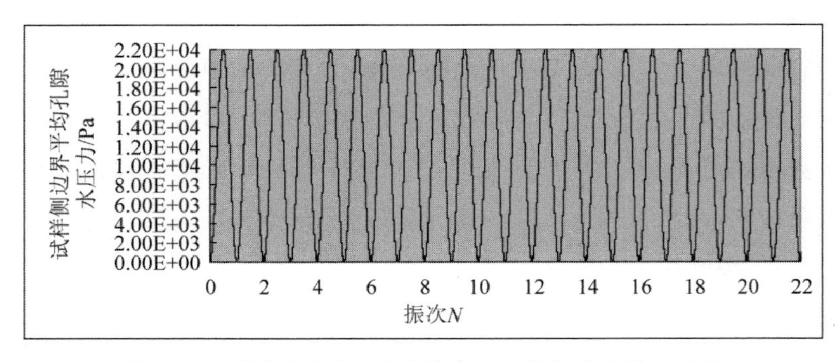

图 3.15　试样侧边界平均孔隙水压力随振动次数 N 变化

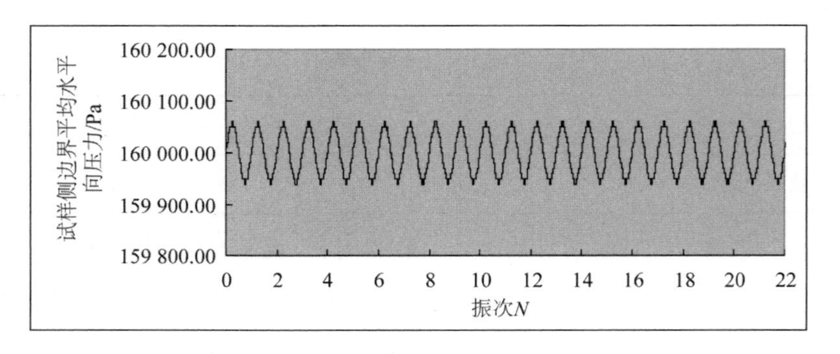

图 3.16　试样侧边界伺服围压(孔隙水压力和有效应力之和)随振动次数 N 变化

由建立的颗粒集合体伺服围压的等效弹簧-振子模型,结合模型的状态方程和目标函数,得到基于动态规划的 Hamilton-Jacobi-Bellman(HJB)方程,通过求解 HJB 方程得到伺服力的解析函数。相比原有的伺服围压算法,这里得到的算法有以下优点:①每一时步所需计算时间少,这是由于原有算法需统计与伺服墙接触的颗粒数,而本算法仅需更新伺服墙的运动状态和受力情况,特别是得到的伺服力解析函数可以实现快速伺服控制;②固结至指定围压时,本算法需要的时步数要小于原有算法;③试样受竖向循环载荷时,应用本算法使试样侧边的伺服围压波动更小;④本算法适用于流固耦合模拟。

3.4　算例：基于流体-离散颗粒耦合的饱和砂土液化的循环双轴模拟

循环双轴模拟是室内动三轴的二维模拟。循环三轴试验是研究饱和砂土液化的室内试验方法[173—175]。为研究砂土液化的细观机理，直接在细观尺度上建立砂土的离散颗粒模型是一种有效手段，这时可以模拟得到砂土颗粒在液化过程中细观组构的变化。对于动三轴砂土液化，已有文献基于试样体积不变，用离散元在数值上模拟二维[127—131]和三维[127]离散颗粒集合体的液化过程；虽然能良好地再现试样有效应力减小孔压上升的过程，但实际模拟时并没有考虑流体。对于自由场中的液化过程，颗粒采用周期边界，而流体网格固定，模拟再现模型底部振动过程中孔隙水压力上升的过程[83—85,132]；但是流体方程按不可压缩流体没有考虑流体的体积模量，并且流体网格固定的 Eulerian 描述难以将这种模拟方式应用至室内循环三轴试验。

没有考虑流体边界网格移动机制，导致流体-离散颗粒耦合方法难以应用至液化模拟。循环加载过程中，试样边界在移动，对应流体边界在移动，如图 3.1 所示。因此，在饱和砂土液化的循环双轴数值试验中，若与实际对应引入流体方程，则需考虑流体边界移动的问题。

这里的循环双轴模拟过程中，饱和砂土试样中的固体按离散颗粒建模，在流固耦合的流体微分方程中考虑了流体的体积模量，并引入适用于网格移动的 ALE 描述，以满足试样中流体边界移动的要求，将其编写为 C＋＋程序嵌入离散元软件 PFC^{2D} 中；同时，应用建立的伺服围压算法来实现流固耦合中试样的围压控制，以实现循环载荷下饱和砂土液化模拟。

为实现离散颗粒-流体耦合，还需确定以下细节：①确定流固耦合作用力公式；②由于是二维模拟，二维颗粒与三维颗粒孔隙率不同，还需确定二维和三维孔隙率的转换公式；③搜索颗粒是否在流体单元中的方法。以上三个问题的方法都已有文献给出，在此只是引入这些方法，以实现循环双轴饱和砂土液化模拟。

（1）流固耦合中颗粒和流体的相互作用力

（a）流体受颗粒作用力

在得到的流固耦合动量守恒方程中，颗粒集合体对流体的作用力为 $\frac{1}{\bar{n}}(f_{\text{int}})_i$，这是以体力形式施加于流体上；其中，$\bar{n}$ 为单元中平均孔隙率，$(f_{\text{int}})_i$ 为 i 方向单位体积上流体受颗粒平均作用力。$(f_{\text{int}})_i$ 的形式显示了流体和颗粒的相互作用，Ergun[176] 给出孔隙率小于等于 0.8 时耦合力的表达式，Wen 和 Yu[177] 给出孔隙率大于 0.8 时耦合力的表达式，组合在一起的表达式[133,158]如下：

$$(f_{\text{int}})_i = \begin{cases} \left[150\,\dfrac{(1-\bar{n})^2}{\bar{n}\cdot\bar{d}^2}\mu_{\text{f}} + 1.75\,\dfrac{1-\bar{n}}{\bar{d}}\left|\bar{v}_i - u_i\right|\right](\bar{v}_i - u_i),\ \bar{n}\leqslant 0.8 \\ \dfrac{3}{4}\rho_{\text{f}}C_{\text{D}}\,\dfrac{(1-\bar{n})\cdot\bar{n}^{-1.7}}{\bar{d}}\left|\bar{v}_i - u_i\right|,\ \bar{n} > 0.8 \end{cases} \tag{3.90}$$

其中，$\bar{n}$ 为平均孔隙率，$\bar{d}$ 为颗粒平均粒径，μ_{f} 为流体黏度，$\bar{v}_i$ 为颗粒 i 方向平均速度，u_i 为流体 i 方向流速，ρ_{f} 为流体密度，C_{D} 表达式如下：

$$C_{\text{D}} = \begin{cases} \dfrac{24}{\text{Re}}(1+0.15\text{Re}^{0.687}),\ \text{Re}\leqslant 1000 \\ \dfrac{24}{1000}(1+0.15\times 1000^{0.687}),\ \text{Re}\geqslant 1000 \end{cases} \tag{3.91}$$

其中，Re 为雷诺数，其表达式如下：

$$\text{Re} = \frac{\bar{n}\left|\bar{v}_i - u_i\right|\bar{d}}{\mu_{\text{f}}} \tag{3.92}$$

(b) 颗粒受流体的作用力

这里将流体受到的颗粒作用力作为反力，分配至流体单元中每个颗粒上，作为颗粒受流体的作用力。已知流体受颗粒作用力为 $\frac{1}{\bar{n}}(f_{\text{int}})_i$，设流体单元体积为 V^f，流体单元中有 n_p 个颗粒，颗粒 l 体积为 V_l^p，这时 i 方向流体单元受颗粒作用力为 $\frac{V^f}{\bar{n}}(f_{\text{int}})_i$，将此作用力分配至颗粒 j 上作为流体对颗粒的作用力 $(f_{\text{int}})_i^{P_j}$：

$$(f_{\text{int}})_i^{P_j} = -\frac{V^f}{\bar{n}}(f_{\text{int}})_i \cdot \frac{V_j^p}{\sum\limits_{l=1}^{n_p} V_l^p} \tag{3.93}$$

（2）二维与三维孔隙率对应

在以往流体-离散颗粒耦合的二维模拟中[178—181]，都涉及了二维和三维孔隙率的转换，这是由于流体与颗粒相互作用力公式中的孔隙率是按三维计算的。但是，在二维离散颗粒集合体中孔隙率是按面积计算的，这与三维颗粒集合体的情况不同。例如，等粒径颗粒集合体的最密排列中，二维颗粒是圆柱体的最密排列，其孔隙率为 0.09；三维颗粒是圆球的最密排列，其孔隙率为 0.4765。在已有二维与三维孔隙率转换公式[178—181]中，对于等粒径颗粒集合体，三维孔隙率是从空间得到的，而二维孔隙率是从一个截面上得到的；一般来说，二维孔隙率要小于三维孔隙率。在这里的模拟中，离散颗粒集合体的孔隙率是从二维颗粒得到的，对于颗粒与流体耦合力计算中的孔隙率是按三维计算的，所采用的二维孔隙率与三维孔隙率转换公式见文献[181]；公式中颗粒集合体按等粒径假设，设二维孔隙率为 n_{2d}，三维孔隙率为 n_{3d}，其转换关系为

$$n_{3d} = 1 - \frac{2}{\sqrt{\pi\sqrt{3}}}(1 - n_{2d})^{\frac{3}{2}} \tag{3.94}$$

（3）判断颗粒是否在流体单元中的方法（见图 3.17）

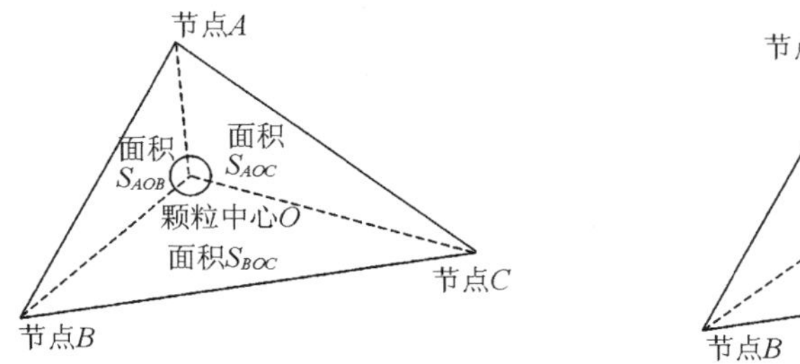

（a）颗粒在流体单元中

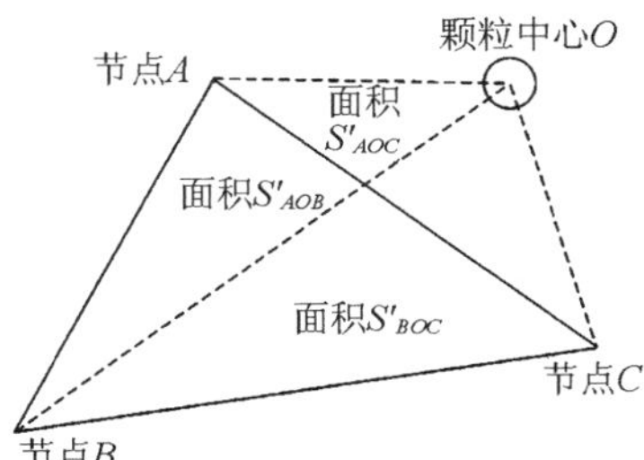

（b）颗粒在流体单元外

图 3.17　判断颗粒是否在流体单元中

流体四边形单元分为两个三角形，对于每个三角形，比较面积判断颗粒是否在三角形中，这种方法见文献[182]。颗粒中心在三角形中，有

$$S_{AOB} + S_{BOC} + S_{COA} = S_{ABC} \tag{3.95}$$

颗粒中心在三角形外，有

$$S_{AOB} + S_{BOC} + S_{COA} > S_{ABC} \tag{3.96}$$

由于计算机数值计算误差，实际计算时引入判断准则数 ε，ε 为一极小数，这里 ε 取10^{-16}。颗粒中心在三角形中，有

$$|S_{AOB}+S_{BOC}+S_{COA}-S_{ABC}|<|\varepsilon| \tag{3.97}$$

颗粒中心在三角形外，有

$$|S_{AOB}+S_{BOC}+S_{COA}-S_{ABC}|\geq|\varepsilon| \tag{3.98}$$

3.4.1 计算参数及数值模型

用二维圆盘模拟离散颗粒。第一组试样颗粒半径为 0.1mm，如图 3.18 所示的颗粒集合体试样初始宽度和高度分别为 0.01m 和 0.02m，颗粒数都为 4838 个。

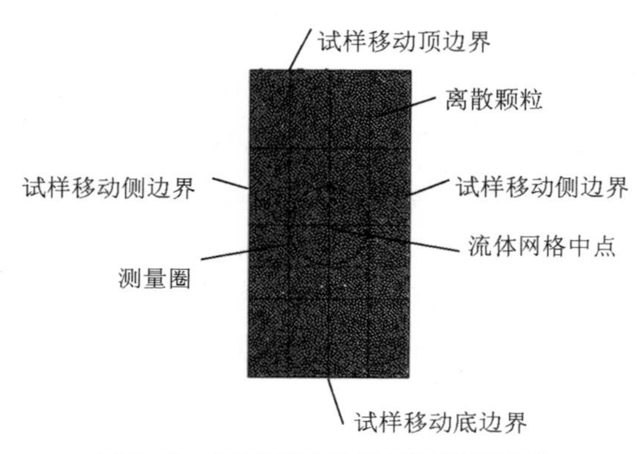

图 3.18 离散颗粒和流体网格示意图

颗粒数值模拟需确定砂土的细观参数有二维颗粒孔隙率 n_{2d}、法向接触刚度 k_n、切向接触刚度 k_s、颗粒摩擦系数 f_c 和颗粒密度 ρ_s。颗粒数值试样的细观参数如表 3.7 所示。流体数值模拟需确定的参数有流体密度 ρ_f、流体声速 c、流体黏度 μ_f、计算流固耦合力时三维颗粒孔隙率 n_{3d}。三维孔隙率通过二维孔隙率转换得到，转换公式见文献[183]。注意，由流体体积模量和流体密度可求得流体声速，在流体微分方程中流体体积模量表现流体的微可压缩性。流体参数如表 3.8 所示。

表 3.7 颗粒数值试样细观参数

细观参数	n_{2d}	$k_n/(\mathrm{N\cdot m^{-1}})$	$k_s/(\mathrm{N\cdot m^{-1}})$	f_c	$\rho_s/(\mathrm{g\cdot cm^{-3}})$
数值大小	0.24	3×10^8	3×10^8	3.0	2.643

表 3.8　流体参数

流体参数	$\rho_f/(\mathrm{kg\cdot m^{-3}})$	$c/(\mathrm{m\cdot s^{-1}})$	μ_f	n_{3d}
数值大小	1000	1482	0.001	0.5

模拟时，对于 3.2 节建立的流体微分方程，忽略孔隙率变化项。

在循环加载前，可以分别制定离散颗粒集合体的围压和流体在空间的压强分布。整个模拟分 3 步进行：

(1) 只指定固相初始围压。只对离散颗粒集合体进行伺服围压，对于如图 3.18 所示试样的四个边界上施加指定围压，这时不进行流体计算。

(2) 只指定流体初始围压。在试样顶部给定流体压强，这时固定试样的四个边界，流体与颗粒不进行耦合计算，对流体进行瞬态求解，循环计算至稳定。

(3) 加载。对试样顶部和底部施加指定循环速度，在试样侧边进行伺服围压控制，使颗粒和流体在侧边的总压强为指定值。

3.4.2　模拟结果及分析

数值模拟时，试样施加围压为 160kPa，循环载荷频率为 5Hz，轴向循环应变幅值为 0.05%，0.1%和 0.3%。试样上下顶部边界墙施加循环速度，记固结完成时的试样高度为 H_0，循环载荷时试样轴向高度变化比上 H_0 即为轴向应变，设压缩为正应变，图 3.19 给出轴向应变随时间变化曲线。

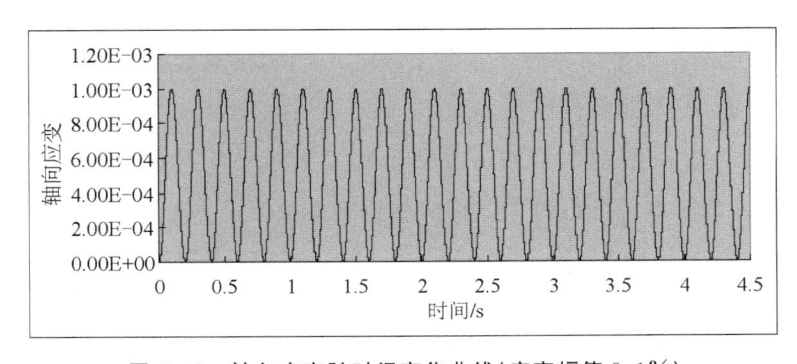

图 3.19　轴向应变随时间变化曲线(应变幅值 0.1%)

在试样上下边界施加循环载荷时，分别记录试样边界和中部的应力与孔压的变化，分析加载过程中试样中部与靠近边界位置的区别。对于试样边界，记录颗粒与流体对侧边界和上下边界的平均压力。对于离散颗粒，在试样中部设置测量圈，可以记录加载过程中测量圈内颗粒的平均有效应力及颗粒配位数的变化。对于流体，在如图 3.18 所示的流体网格中点，记录节点上孔压的变化。

试样有效应力为 σ'_1 和 σ'_3，设初始孔隙水压力为 u_0，t 时刻孔隙水压力为 u_t，初始竖向有效应力为 σ'_{v0}；这时，偏应力 q、平均有效主应力 p'、超静孔隙水压力 Δu 和超静孔隙水压力比 r_u 定义为

$$q = \frac{\sigma'_1 - \sigma'_3}{2} \tag{3.99}$$

$$p' = \frac{\sigma'_1 + \sigma'_3}{2} \tag{3.100}$$

$$\Delta u = u_t - u_0 \tag{3.101}$$

$$r_u = \frac{u}{\sigma'_{v0}} \tag{3.102}$$

由于是模拟二维情况，因此，式(3.100)中采用 $p' = \frac{\sigma'_1 + \sigma'_3}{2}$；若是三维情形，则采用 $p' = \frac{\sigma'_1 + 2\sigma'_3}{3}$。

图 3.20 给出颗粒对侧边界的平均作用力，相当于水平向有效应力 σ'_x。图 3.21 给出颗粒对上下边界的平均作用力，相当于竖向有效应力 σ'_y。图 3.22给出侧边界平均超静孔隙水压力比 r_u 随振动次数 N 的变化，图 3.23 给出上下边界平均超静孔隙水压力比 r_u 随振动次数 N 的变化。在同一组试样中，载荷应变幅值越大，有效应力随振次增加而降低得越快；同时，孔隙水压力随振次增加而升高得越快。轴向循环应变幅值为 0.05%时，孔隙水压力虽然上升，但没有液化。在加载的初始过程中，试样侧边界上水平向有效应力一直减小，而试样上下边界上竖向有效应力在加载过程中是先上升再降低，这显示加载过程的初始阶段试样上下边界上的颗粒在边界上的作用力。

图 3.24 给出循环加载过程中试样侧边伺服围压随振次 N 的变化，实际围压相对于指定围压的波动小于 1%，表明伺服围压算法对随机颗粒饱和试

样的适用性。

图3.25、图3.26和图3.27分别给出试样中部测量圈内颗粒的平均有效应力σ'_x,σ'_y和τ'_{xy}。对比从试样边界得到的有效应力σ'_x和σ'_y,发现两者随振次N的变化曲线极其近似。试样中部测量圈内颗粒平均有效剪应力τ'_{xy}在循环加载初期有突起波动,但发生液化后其值为0。

图3.28给出试样中部测量圈内颗粒偏应力q与平均有效主应力p'的关系曲线。在发生液化的2个数值试验中,随着振次N的增加,偏应力q与平均有效主应力p'逐渐向原点移动。

图3.29给出试样中部偏应力q与轴向应变ε的关系曲线。在发生液化的2个数值试验中(应变为0.05%、颗粒半径为0.1mm的数值试验没有发生液化),循环过程中偏应力q逐渐趋近于0,相应的偏应力与轴向应变曲线表现为曲线斜率逐渐趋近于0。

图3.30给出流体网格中点超静孔隙水压力比r_u随振动次数N的变化曲线。流体网格中点超静孔隙水压力比随振次N的变化曲线,和边界上的平均超静孔隙水压力比趋向极其近似,边界上和试样中部颗粒的平均有效应力也是极其近似的。因此,可以认为,从试样边界上获得的超静孔隙水压力和有效应力,可以代表整个试样的超静孔隙水压力和有效应力,这也许是试样尺寸较小的缘故。

图3.31给出试样中部颗粒平均配位数随振动次数N的变化曲线。在发生液化的2个数值试验中,颗粒平均配位数随振次增加其总的趋势是下降,平均配位数为0时与发生液化时刻基本对应,并且液化发生后配位数曲线基本没有波动。这表明液化发生后颗粒的平均接触数接近于0。这里模拟得到发生液化时配位数下降,这一趋势与文献[127]一致,但在文献[127]中,液化发生后配位数并没有接近于0,而是大于1,并且相对于初期曲线波动剧烈;由于文献[127]是按试样体积不变模拟饱和砂土的,实际上并没有计入流体,因此,这里的差别是由于本文引入流体方程引起的,实际液化发生后颗粒之间配位数的变化尚需实际细观试验验证。

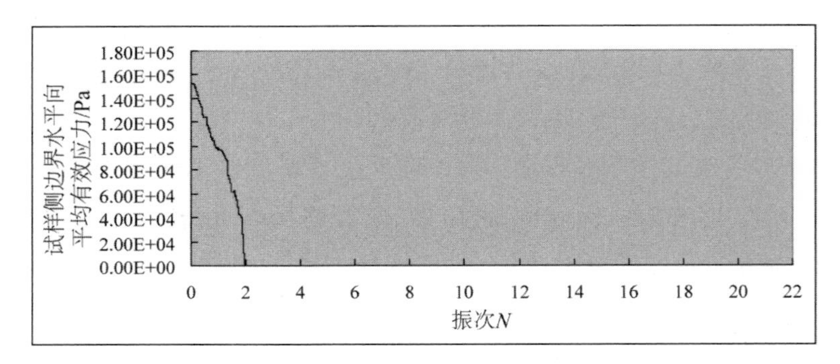

(a) 应变 0.3%

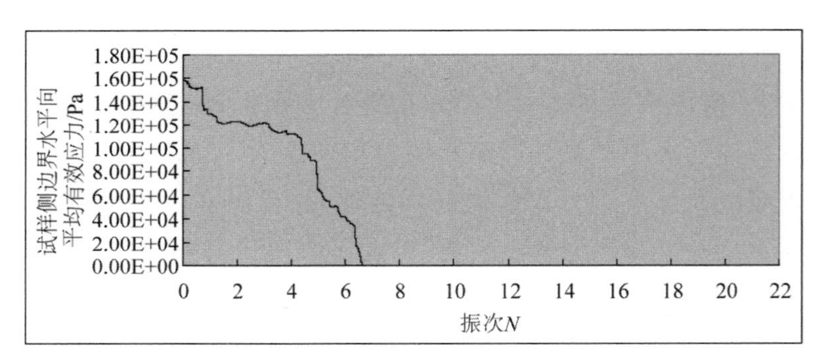

(b) 应变 0.1%

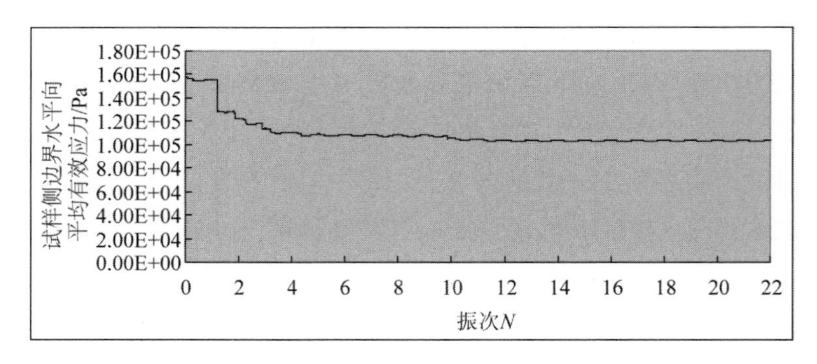

(c) 应变 0.05%

图 3.20 颗粒对侧边界水平向平均有效应力 σ'_x 随振动次数 N 变化

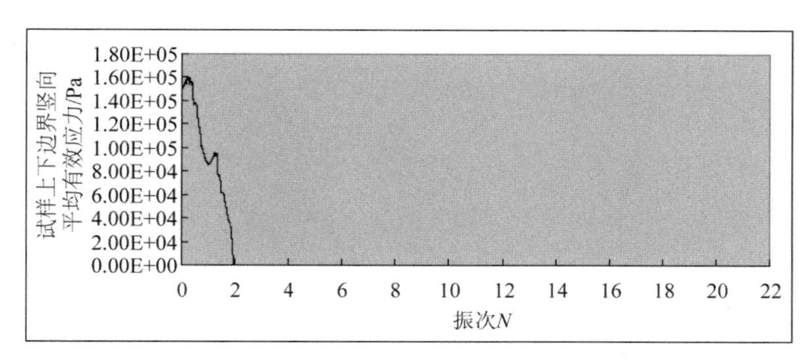

(a) 应变 0.3%

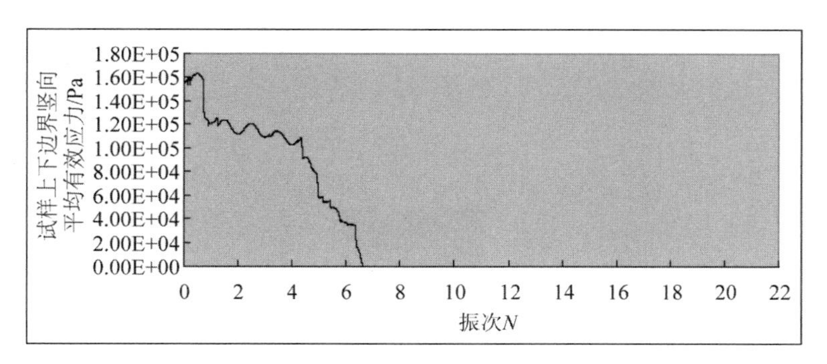

(b) 应变 0.1%

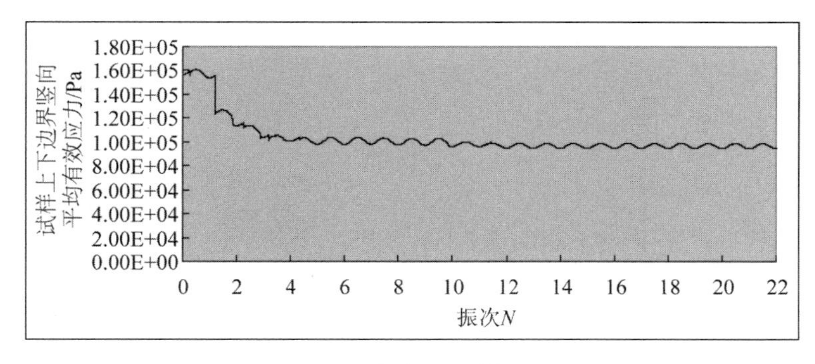

(c) 应变 0.05%

图 3.21　颗粒对上下边界竖向平均有效应力 $\boldsymbol{\sigma}'_y$ 随振动次数 N 变化

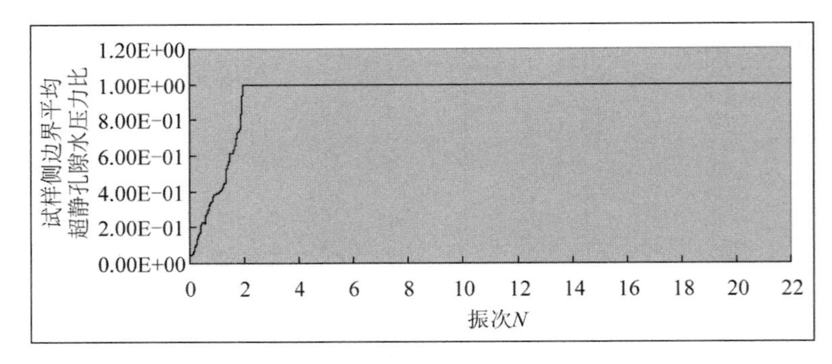

(a) 应变 0.3%

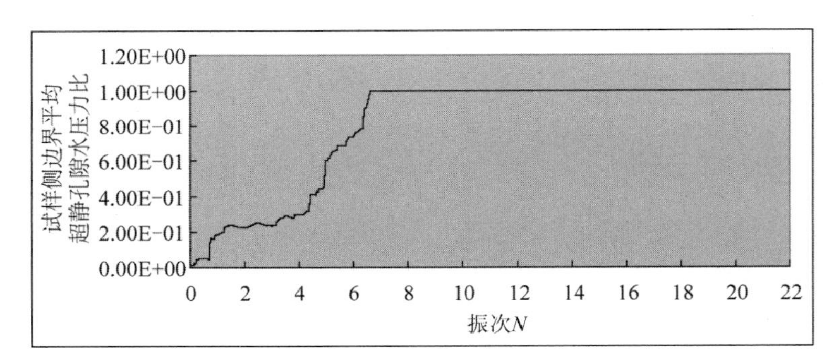

(b) 应变 0.1%

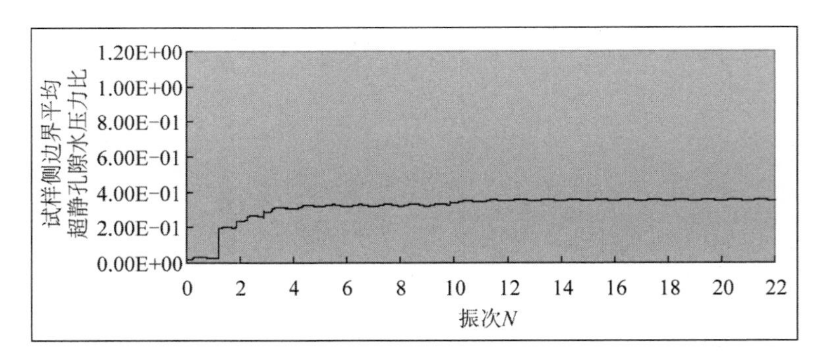

(c) 应变 0.05%

图 3.22 流体对侧边界平均超静孔隙水压力比 r_u 随振动次数 N 变化

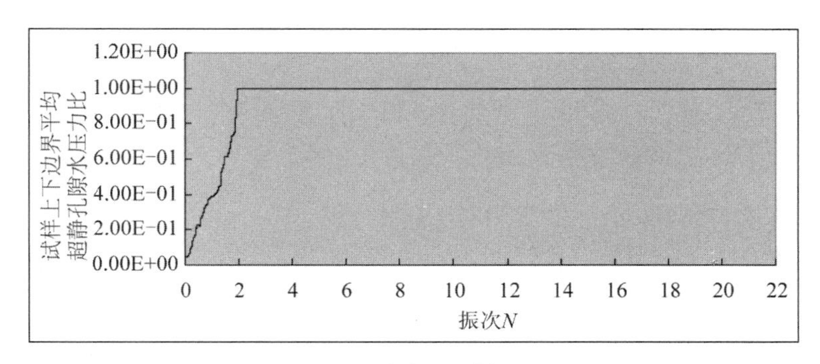

(a) 应变 0.3%

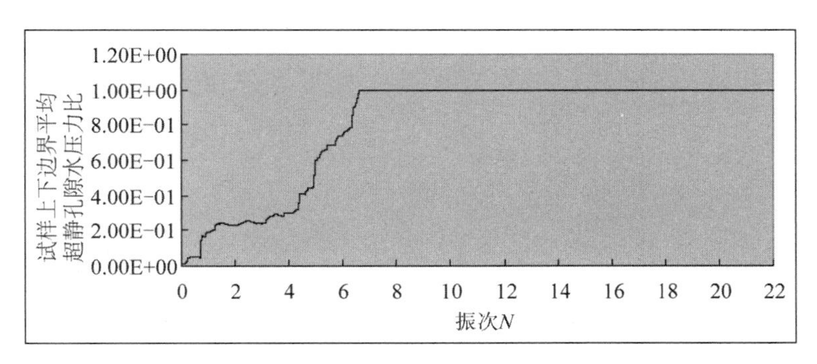

(b) 应变 0.1%

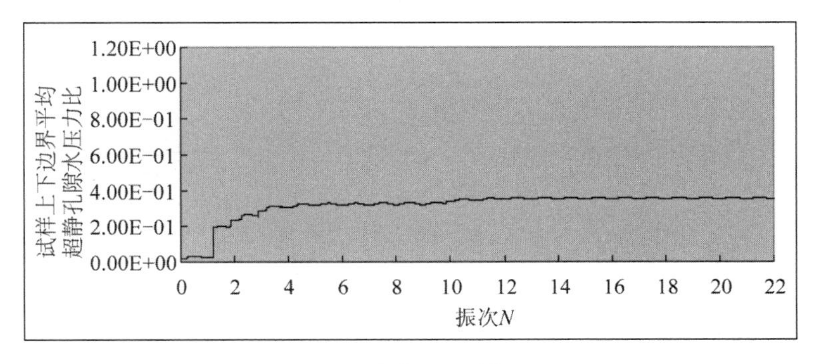

(c) 应变 0.05%

图 3.23　流体对上下边界平均超静孔隙水压力比 r_u 随振动次数 N 变化

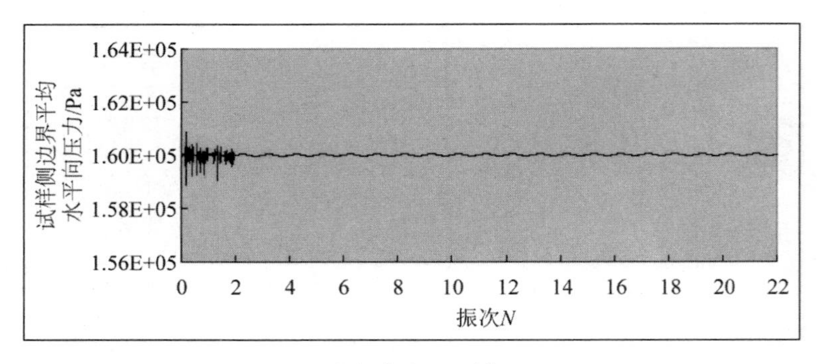

(a) 应变 0.3%

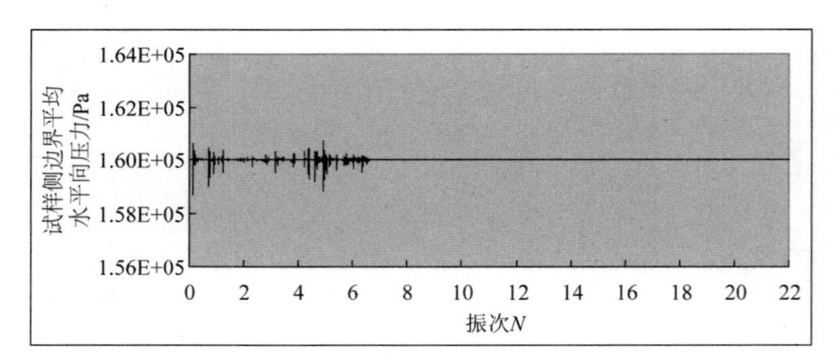

(b) 应变 0.1%

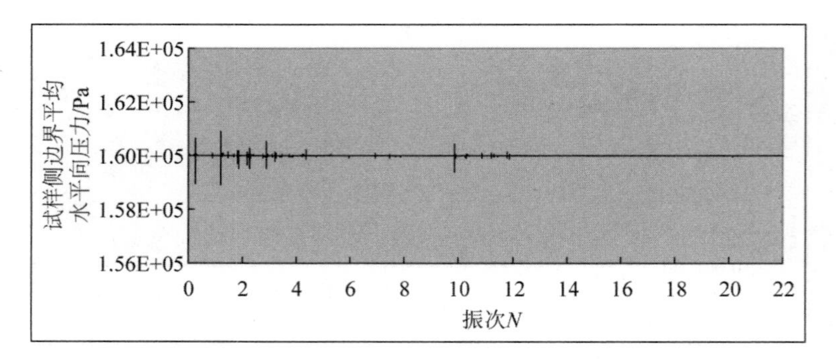

(c) 应变 0.05%

图 3.24 伺服围压(流体和颗粒对侧边界的平均压强)随振动次数 N 变化

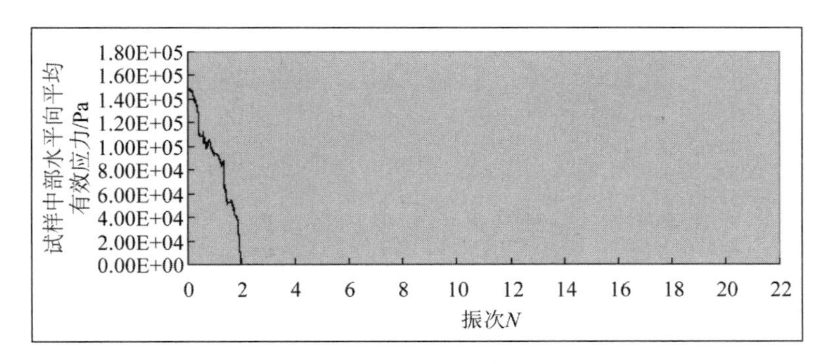

(a) 应变0.3%

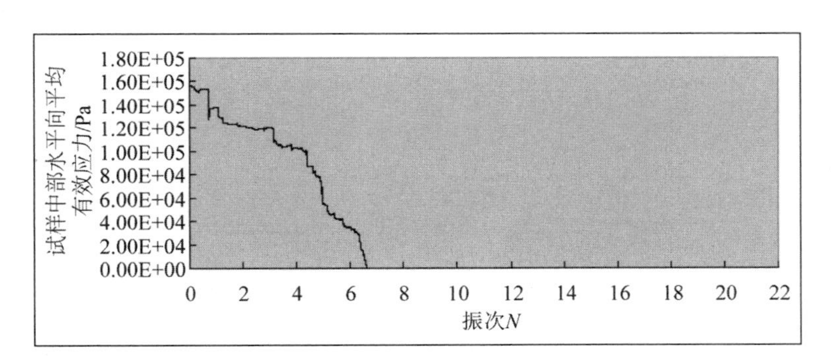

(b) 应变0.1%

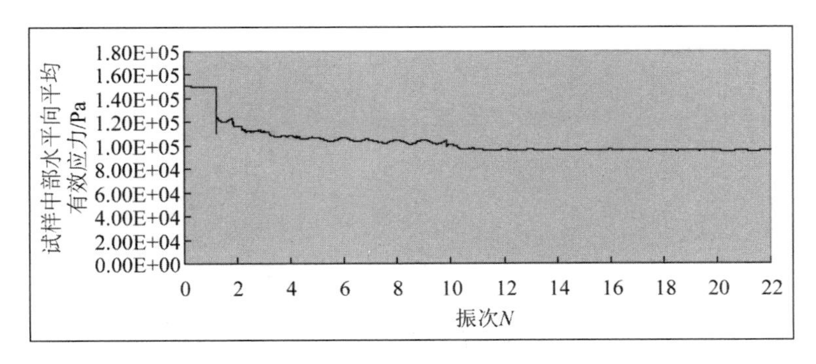

(c) 应变0.05%

图3.25　试样中部水平向平均有效应力σ'_x随振动次数N变化

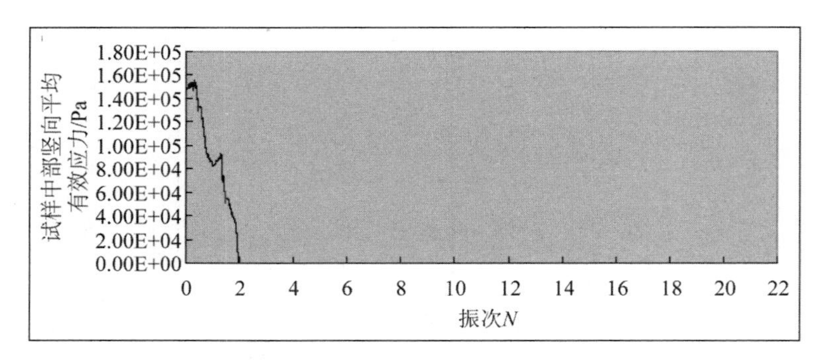

(a)应变 0.3%

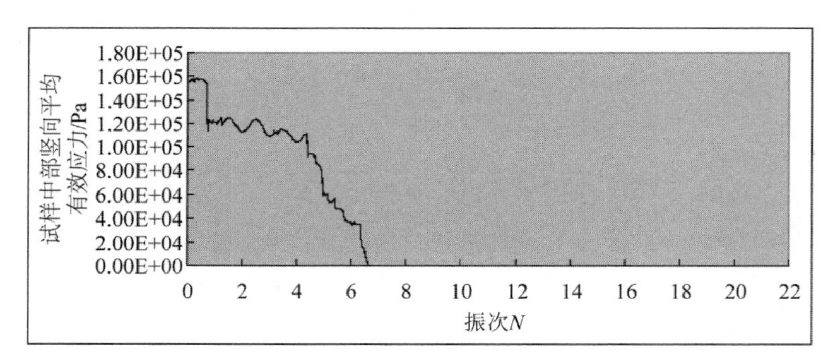

(b) 应变 0.1%

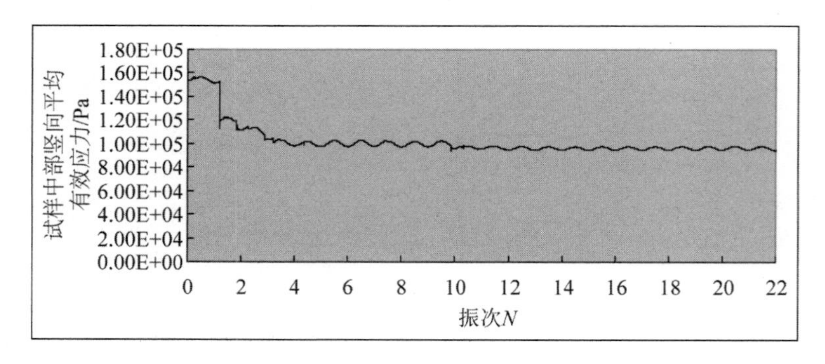

(c) 应变 0.05%

图 3.26 试样中部竖向平均有效应力 σ'_y 随振动次数 N 变化

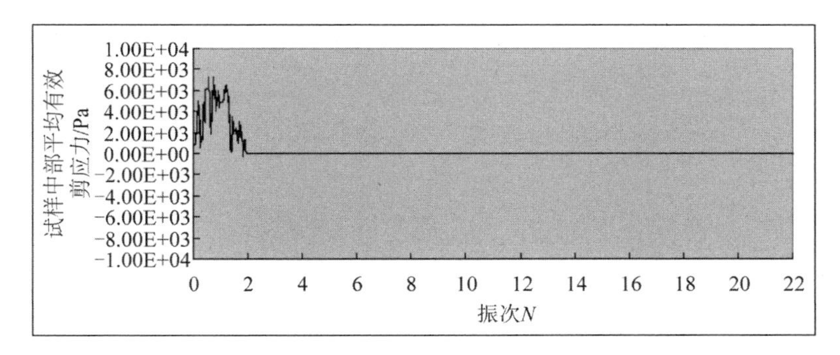

(a) 应变 0.3%

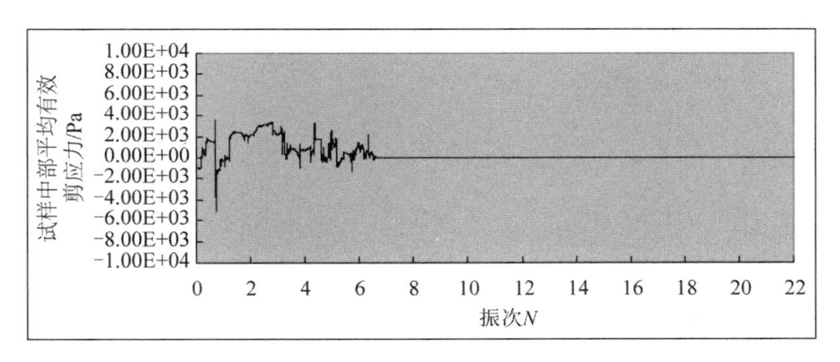

(b) 应变 0.1%

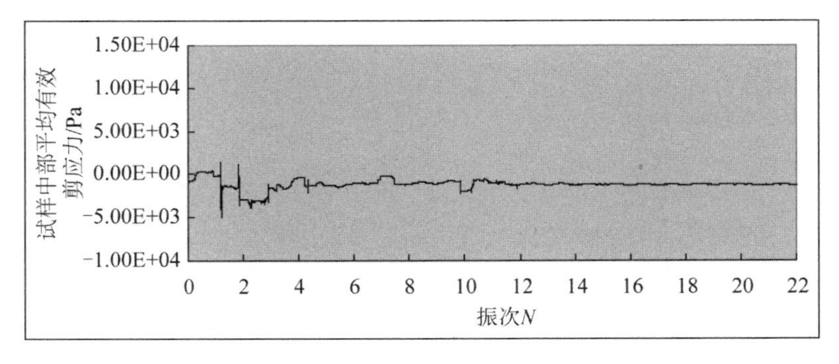

(c) 应变 0.05%

图 3.27　试样中部平均有效剪应力 τ'_{xy} 随振动次数 N 变化

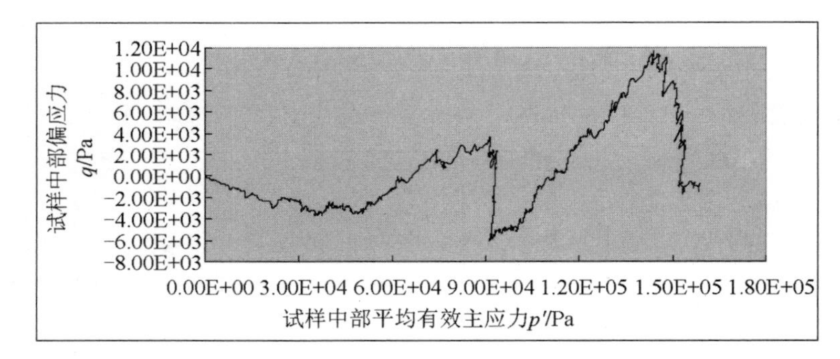

(a) 应变 0.3%

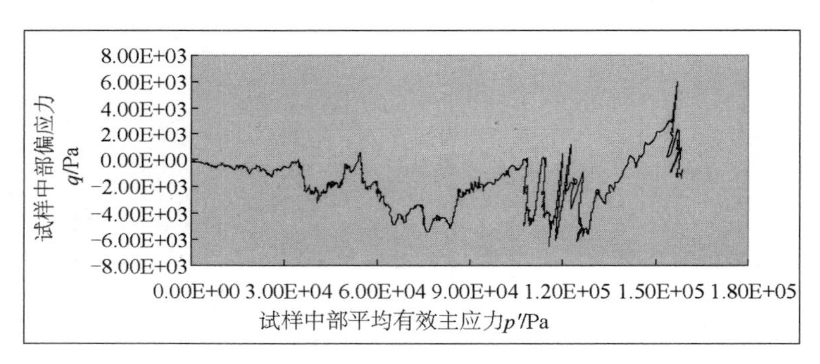

(b) 应变 0.1%

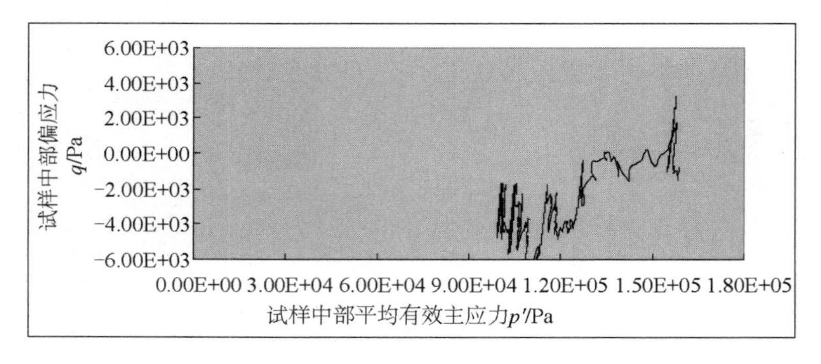

(c) 应变 0.05%

图 3.28 试样中部偏应力 q 与平均有效主应力 p' 关系曲线

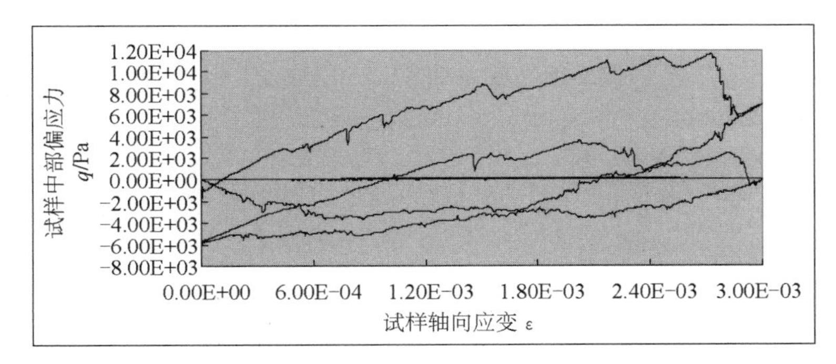

(a) 应变 0.3%

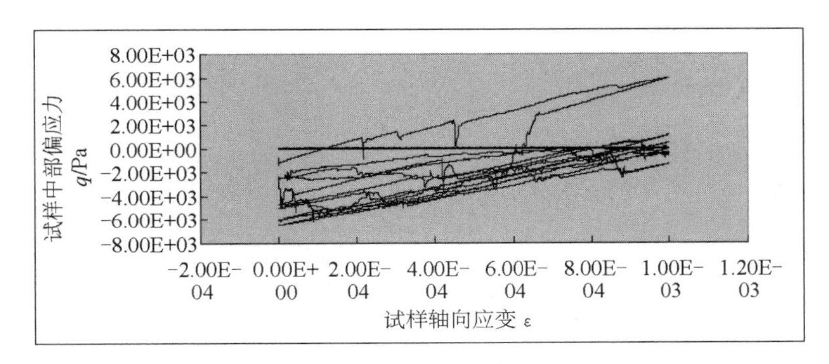

(b) 应变 0.1%

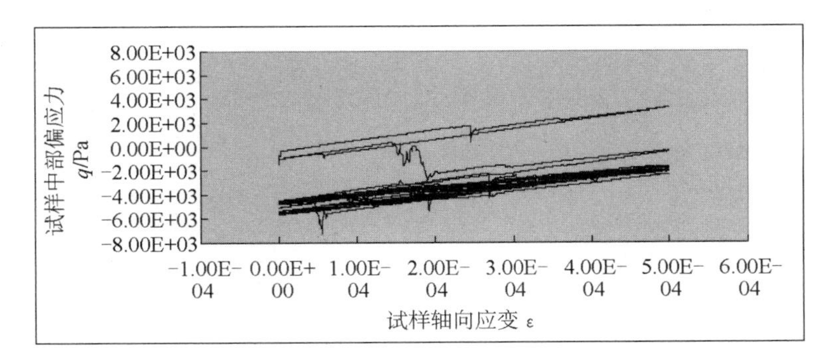

(c) 应变 0.05%

图 3.29　试样中部偏应力 q 与轴向应变 ε 关系曲线

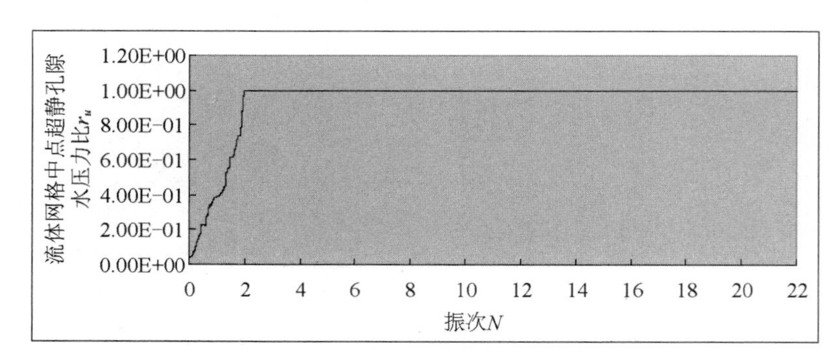

(a) 应变 0.3%

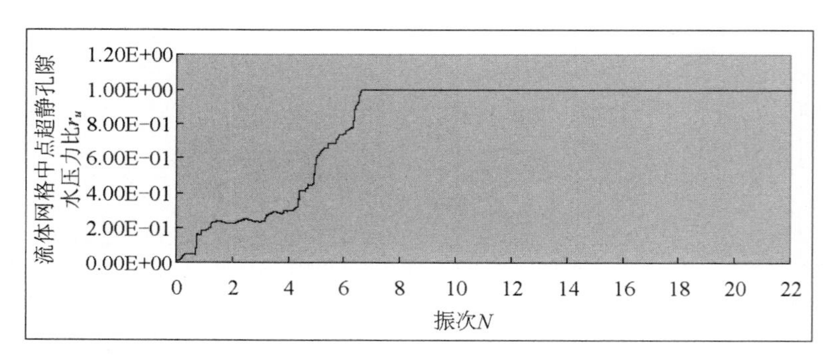

(b) 应变 0.1%

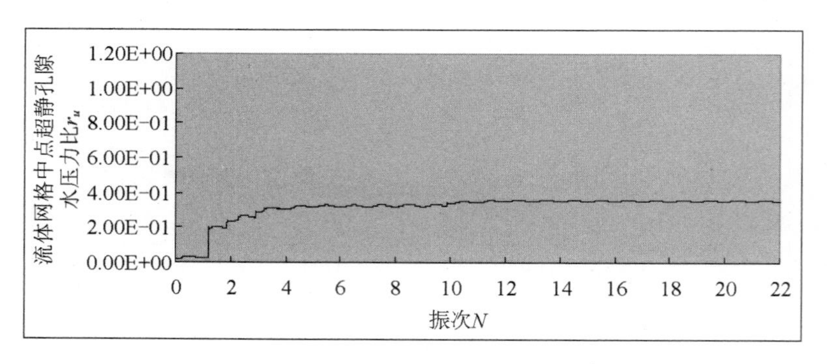

(c) 应变 0.05%

图 3.30 流体网格中点超静孔隙水压力比 r_u 随振动次数 N 变化

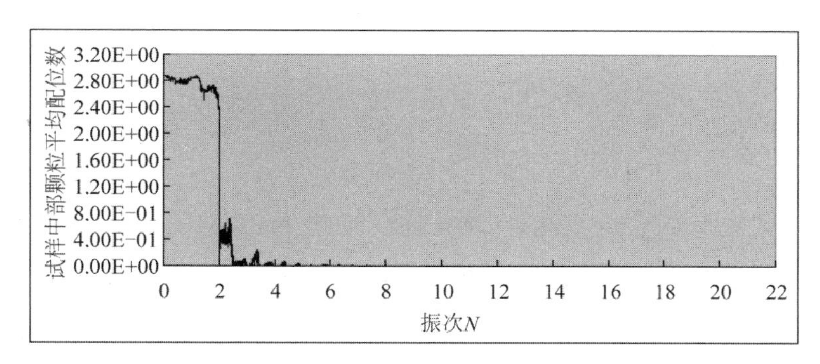

(a) 应变 0.3%

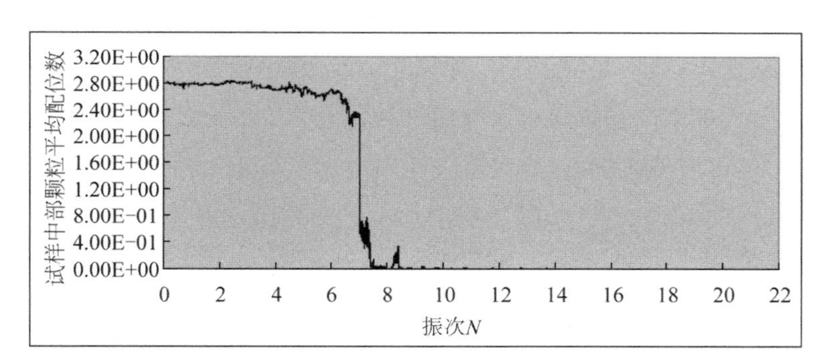

(b) 应变 0.1%

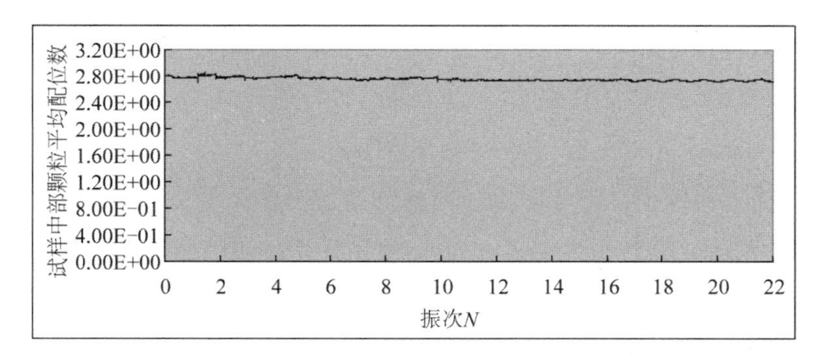

(c)应变 0.05%

图 3.31　试样中部颗粒平均配位数随振动次数 N 变化

基于离散颗粒的循环双轴模拟中,实际计入流体方程尚属首次。通过不同应变幅值下的循环双轴模拟,结果显示:

(1) 再现液化发生后,孔压与围压相等,有效应力为0,并且轴向载荷应变幅值越大越容易发生液化的现象。

(2) 伺服围压算法的有效性。颗粒随机排列时,流固耦合下伺服围压波动小于1%。

(3) 试样边界上和中点的超静孔隙水压力曲线是极其近似的,边界上和试样中部颗粒的平均有效应力是极其近似的。因此,可以认为,从试样边界上获得的平均超静孔隙水压力和有效应力,可以代表整个试样的平均超静孔隙水压力和有效应力,这或许是试样尺寸较小的缘故。

(4) 配位数表示颗粒平均接触数,细观尺度上颗粒配位数随振次增加其总的趋势是下降;平均配位数为0时与发生液化时刻基本对应,并且液化发生后配位数曲线基本没有波动。这表明液化发生后,离散颗粒和流体的混合介质中,力的传递由流体进行,而没有发生液化的数值试样中,平均配位数基本保持为常数;实际液化发生后,颗粒之间配位数的变化尚需实际细观试验验证。

3.5 小 结

本章建立了流固耦合中考虑边界网格移动的流体方程以及适用于流固耦合情形下的围压伺服算法,结合以上两点进行基于流体-离散颗粒耦合的具有移动边界的循环双轴液化模拟,主要结论如下:

(1) 建立流固耦合下考虑边界网格移动的流体微分方程,不同于已有流体-离散颗粒耦合方法中的流体方程,本章引入适用于控制流体边界网格移动的ALE描述项及流体的体积模量,以考虑流体的微可压缩性;用基于特征线分离的CBS算法对建立的微分方程进行分离分步,使其适用于标准Galerkin离散以获得其有限元格式,并将其编写为C++程序添加至离散元软件PFC中。

（2）建立适用于流固耦合的伺服围压算法以及土体和伺服墙的弹簧-振子模型，应用动态规划得到这个最优控制问题的 Hamilton-Jacobi-Bellman 方程，推导伺服力的闭环反馈控制函数。

（3）结合建立的流体方程和围压伺服算法，对于具有移动边界的循环双轴数值试验（动三轴的二维模拟），实现其流体-离散颗粒耦合的液化模拟。

第4章　流体-土-地下结构的双尺度动力分析方法

4.1　概　述

在流体-土-地下结构耦合体系中，为考察结构附近土体的细观特性，同时有效减少离散元模拟规模，并兼顾耦合体系中的流体移动边界问题，这里建立了流体-土-地下结构的离散-连续耦合动力分析方法。在这个方法中，固相用离散-连续双尺度耦合算法描述，靠近结构的细观分析区域用离散颗粒模拟，其他区域用连续模型模拟；流体方程为基于 ALE 描述的质量和动量守恒方程以实现流体边界网格移动控制；这个方法将固体的离散和连续模型分别与统一的流体方程进行耦合。

为实现流体与离散-连续固体耦合，需要构建相应的耦合框架。因此，除了已有的流体-离散颗粒耦合分析方法，还需建立连续体流固耦合分析方法。在这个连续体流固耦合分析方法中，流体方程应同流体-离散颗粒耦合分析方法中的流体方程一致，这样离散-连续固体可以纳入统一的流体方程进行耦合。

在本章中，首先建立计入流体动量守恒方程的连续体流固耦合分析方法，并结合第3章内容建立流体与离散-连续固体耦合框架；然后综合固体离散-连续双尺度耦合算法，基于 ALE 描述的流体方程以及相应的流固耦合框架，提出流体-土-地下结构离散-连续耦合动力分析方法，并讨论其中的流体-土-地下结构的离散-连续耦合框架及其数值实现方法，以及流体网格移动策略；最后对地震中地下结构和土体响应的离心机试验进行模拟。

4.2 建立流体与离散-连续固体耦合框架

这里首先建立连续体流固耦合分析方法，其目的在于将连续固体模型与基于 ALE 描述的流体方程耦合，再结合第 3 章中的流体-离散颗粒耦合动力分析方法，就可以构建流体与离散-连续固体耦合的框架。

本节建立的连续体流固耦合方程包括：①固体的动量守恒方程；②流体的质量和动量守恒方程。连续固体的动量守恒方程为

$$\rho_s \ddot{x}_i + \frac{\partial \sigma_{ij}}{\partial x_j} = \rho_s b_i + \rho_s b_i^{\text{int}} \tag{4.1}$$

其中，ρ_s 为固体密度；x_i 为固体 i 方向位移；σ_{ij} 为应力分量；b_i 为固体微元所受体力，这里 b_i 特指重力加速度；b_i^{int} 为固体受流体作用的等效体力。

流固耦合方程中的流体质量守恒方程：

$$\frac{1}{c^2}\frac{\partial p}{\partial t} + \frac{\partial(\rho u_i)}{\partial x_i} - \frac{1}{c^2}\hat{u}_i \frac{\partial p}{\partial x_i} + \frac{\rho}{\bar{n}}\frac{\partial \bar{n}}{\partial t} = 0 \tag{4.2}$$

流固耦合方程中的流体动量守恒方程：

$$\frac{\partial(\rho u_i)}{\partial t} + \frac{\partial(u_j . \rho u_i)}{\partial x_j} - \rho \hat{u}_j \frac{\partial u_i}{\partial x_j} = \frac{\partial \tau_{ij}}{\partial x_j} - \frac{\partial p}{\partial x_i} + \rho b_i + \frac{1}{\bar{n}}(f_{\text{int}})_i - \frac{1}{\bar{n}}\rho u_i \frac{\partial \bar{n}}{\partial t} \tag{4.3}$$

在连续固体模拟时，不考虑孔隙率随时间变化的梯度项，在式(4.2)和式(4.3)中，$\frac{\rho}{\bar{n}}\frac{\partial \bar{n}}{\partial t}$和$\frac{1}{\bar{n}}\rho u_i \frac{\partial \bar{n}}{\partial t}$取 0。

第 3 章 3.2 节中给出流体与离散颗粒相互作用的流体守恒方程，这里使用的流体方程与其形式是一样的，只是由于固体连续和离散模型的不同，在流固耦合力提取方式上有微小差别，耦合力同样表现为流体和固体相对速度的函数。

与离散颗粒相比，提取连续固体区域流固耦合力的不同之处有两点：首先在于确定固体单元的平均速度，其次在于流固耦合力如何施加至固体单元。这里固体单元速度取单元中各节点速度的平均值，流体受固体作用的体力(体力单位与加速度单位相同)取负值后施加至固体单元上。将固体平均

速度代入第3章中的流固耦合力式(3.90)～式(3.92)，可以得到流固耦合等效体力。

流体质量和动量守恒方程在基于特征线分离(CBS)方法进行分步后，其离散后的形式如第2章所述。这里给出固体微分方程离散后的形式。对式(4.1)进行有限元离散，离散后计入 Rayleigh 阻尼，表达式为

$$[M]\{\ddot{x}\}+[C]\{\dot{x}\}+[K]\{x\}=\{f\}+\{f_b\}+\{f_b^{int}\} \tag{4.4}$$

其中，$[M]$为质量矩阵，$[C]$为 Rayleigh 阻尼矩阵，$[K]$为刚度矩阵，$\{f\}$为节点上外载荷向量，$\{f_b\}$为重力载荷向量，$\{f_b^{int}\}$为流固耦合作用力向量。方程采用 Newmark 积分求解。

这里建立的连续体流固耦合分析方法中，并没有考虑液化的机制。为使所提出的流体-土-地下结构离散-连续耦合动力分析方法可以应用至液化模拟，需引入液化模型，以反映液化过程中孔压上升效应。下面给出将液化模型的孔压增量施加至流体方程的方法。

这里采用的是 Byrne 改进的 Finn 模型[95,96]，这个模型给出了不可恢复体应变和剪应变的关系，以及不可恢复体应变与液化过程中孔压增量的关系，关系式如下：

$$\Delta\varepsilon_v = 0.5\cdot\gamma\cdot C_1\cdot e^{-C_2\frac{\varepsilon_v}{\gamma}} \tag{4.5}$$

$$\Delta u = M\Delta\varepsilon_v \tag{4.6}$$

其中，$\Delta\varepsilon_v$ 表示半个循环周期中不可恢复体应变增量，γ 为剪应变幅值，C_1 和 C_2 为参数。设 D_r 为相对密度，参数取值如下：

$$C_1 = 7600\,D_r^{-2.5} \tag{4.7}$$

$$C_2 = \frac{0.4}{C_1} \tag{4.8}$$

M 表达式如下：

$$M = K_m P_a\left(\frac{\sigma'_v}{P_a}\right)^m \tag{4.9}$$

其中，K_m 取 1600，P_a 为大气压强，σ'_v 为竖向有效应力，m 取 0.5。

由 Finn 模型可以求得连续固体节点上对应的孔压增量，但若直接将这些孔压增量作为压强边界条件施加至流体方程，会引起流体方程计算失稳；而以往文献在应用 Finn 模型时没有这一问题。究其原因，相比已有文献，由于

建立的流体方程计入动量守恒方程，因此，对设定压强边界条件提出了更为严格的要求。动载荷中流速变化引起动量守恒方程中孔压波动。而相比之下，Finn 模型在孔压增长模式上过于平滑，即使在孔压上升阶段可以保证流体计算进行，一旦孔压上升进入平缓水平阶段，将此孔压作为边界条件必然导致计算失稳。

这里寻找一种将 Finn 模型得到的孔压增量施加至流体方程的方法。由于流体方程中包含动量守恒方程，直接设定流体内部节点的孔压边界是难以实现的，因为难以在每一步计算前预知流体节点上孔压波动规律。这种情况下需要寻找一种变量来等效液化孔压增量，这种变量施加至流体方程时不会违反流体的孔压波动规律，而且需保持数值计算的稳定性。

这里将 Finn 模型得到的孔压增量转化为等效流体体力，然后将等效体力施加至流体动量守恒方程。如图 4.1 所示，设流体微元中底部孔压为 $P(y)$，微元顶部孔压为 $P(y+\Delta y)$，设液化孔压增量的等效体力为 g_y^{Finn}。

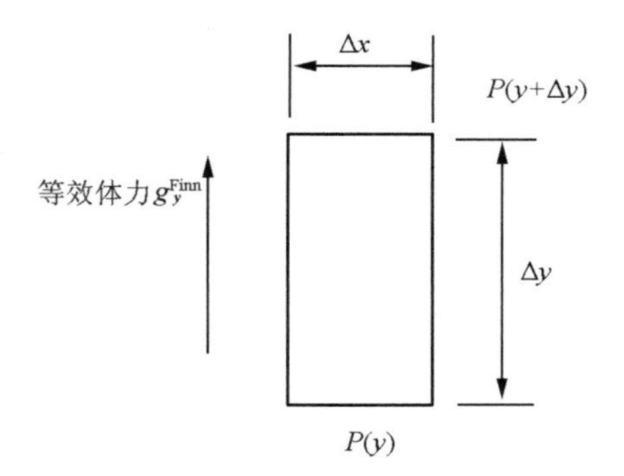

图 4.1　液化孔压增量转化为等效流体体力

由孔压引起的流体微元不平衡力应和等效体力引起的不平衡力相等，设流体密度为 ρ_{w}，则平衡方程如下：

$$[P(y)-P(y+\Delta y)]\cdot \Delta x = \rho_{\mathrm{w}} \cdot (\Delta x \cdot \Delta y) \cdot g_y^{\mathrm{Finn}} \tag{4.10}$$

其简化后，获得等效体力的形式如下：

$$g_y^{\mathrm{Finn}} = \frac{P(y)-P(y+\Delta y)}{\rho_{\mathrm{w}}\Delta y} \tag{4.11}$$

应用式(4.11)时，还需对 g_y^{Finn} 乘以一个折减系数以满足实际应用的需要；设折减系数为 C_{p}，则 g_y^{Finn} 表达式为

$$g_y^{\mathrm{Finn}} = C_{\mathrm{p}} \frac{P(y) - P(y+\Delta y)}{\rho_{\mathrm{w}} \Delta y} \tag{4.12}$$

至此，由以上建立的连续体流固耦合分析方法，结合第 3 章中的流体-离散颗粒耦合动力分析方法，可实现离散和连续固体分别于统一的流体方程耦合，即构成完整的流体与离散-连续固体耦合框架。实现这个框架的核心在于流体网格边界移动控制，这是由于在流体区域需明确区分离散和连续固体区域，这时固体耦合边界上对应的流体网格节点移动速度须与固体一致。

4.3 建立流体-土-地下结构的离散-连续耦合动力分析方法

本节建立流体-土-地下结构的离散-连续耦合动力分析方法：固相用离散-连续双尺度耦合算法描述，靠近结构的细观分析区域用离散颗粒模拟，其他区域用连续模型模拟；流体方程为基于 ALE 描述的质量和动量守恒方程以实现流体边界网格移动控制；将固体的离散和连续模型分别与统一的流体方程进行耦合。

虽然在本文的 2.2 节、3.2 节和 4.2 节分别详细论述了固体离散-连续耦合分析方法、基于 ALE 描述的流体方程和相应的流固耦合框架，并且这三部分是建立流体-土-地下结构的离散-连续耦合动力分析方法的基础；但是为实现流体-土-地下结构的离散-连续耦合动力分析方法，仍然有一些环节需要论述，因此，本节讨论流体-土-地下结构的离散-连续耦合框架及其数值实现方法和流体网格移动控制策略。

4.3.1 流体-土-地下结构的离散-连续耦合框架

这里建立了流体-土-地下结构的离散-连续耦合框架：①固相土体采用离散-连续双尺度耦合算法描述，地下结构附近的土体用离散颗粒模拟，其他区域土体用连续模型模拟；②流体方程为基于 ALE 描述的质量和动量守恒方程；③固相的离散和连续模型分别与统一的流体方程进行耦合；④结构成为流体的移动边界。

对于流体-土-地下结构的离散-连续耦合框架的各组成部分，在以前的章节都已建立：①固相土体离散-连续双尺度耦合算法在第 2 章 2.2 节中已有详细论述；②流体方程在第 3 章 3.2 节中已有详细论述；③流体和离散-连续固体耦合框架如本章 4.2 节所述；④基于第 3 章 3.2 节建立的流体方程，即可实现结构作为流体的移动边界。

在具体数值实现上，离散颗粒基于离散元软件 PFC 模拟，连续流体和固体采用 C++编写成有限元程序嵌入 PFC 中，地下结构采用 Fish 语言编写成有限元程序由 PFC 执行。

建立的流体-土-地下结构的离散-连续耦合框架如图 4.2 所示，其中固体部分如图 4.3 所示，流体部分如图 4.4 所示。靠近地下结构区域用离散颗粒模拟，远离地下结构部分用连续固体模拟，流体区域包括固体的离散和连续区域，各流体单元接收离散或连续固体的耦合力后，纳入统一的流体方程进行计算。

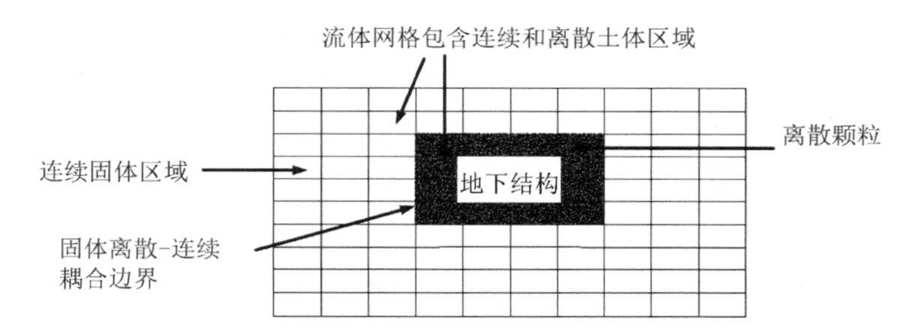

图 4.2　流体-土-地下结构离散-连续耦合框架示意图

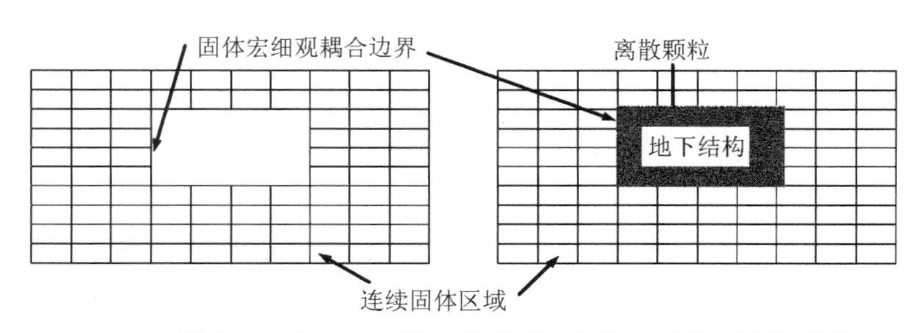

图 4.3　流体-土-地下结构离散-连续耦合框架中固体模型示意图

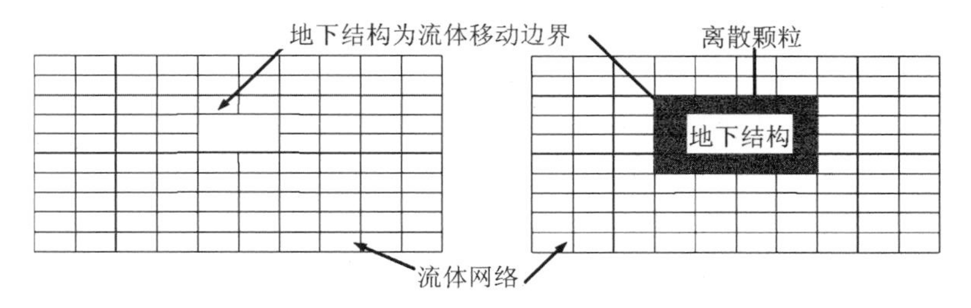

图 4.4　流体-土-地下结构离散-连续耦合框架中流体模型示意图

在流体-土-地下结构的离散-连续耦合框架下实现对实际问题的模拟，最重要的是实现流体网格边界移动控制，例如在图 4.2 中：①为获取流固耦合作用力，在流体网格中应明确区分离散和连续固体部分，这时固体离散-连续耦合边界上的节点速度应控制相应的流体节点移动；②地下结构作为流体的移动边界，结构移动时流体边界也应相应移动。由于流体微分方程中引入 ALE 描述项，因此，容易实现流体边界网格移动的人为控制。

4.3.2 流体网格移动控制策略

本节分两部分进行讨论：首先讨论流体顶面的自由表面波动，这是计入流体动量守恒方程后需要考虑的特殊边界条件，对于这一特殊边界条件可以通过基于 ALE 描述的网格移动实现；然后讨论流体边界以内的节点移动控制策略。

(1) 流体自由表面波动及其网格移动

首先叙述在本文的耦合分析方法中，追踪流体自由表面波动的必要性。传统的流固耦合方程，例如 Biot 方程，只计入流体质量守恒方程，不体现流速冲量变化引起的孔压波动；这时对于流体顶面边界，只指定顶面孔压边界为常数是可以的，因为动载荷下，同一深度的孔压不会体现流速冲量波动。由于在流体-土-地下结构的离散-连续耦合动力分析方法中计入了流体动量守恒方程，动载荷下流速冲量的变化会导致孔压波动，这时同一深度的孔压是有波动性的，在流体顶面相应地表现为压强为常数而高度在波动，因此，流体顶面边界需兼顾压强边界和自由面法向流速。在计入流体动量守恒方程后，除非静水状态或流体表面波动非常小，不符合流体自由面特性的边界条件，例如，流体采用空间固定的 Eulerian 网格而顶面压强为常数，会导致流体计算失稳。

本小节采用 ALE 描述追踪流体自由面波动。ALE 描述介于空间固定的 Eulerian 描述和随物质点而动的 Lagrangian 描述之间，可以实现人为控制流体边界网格移动，并避免 Lagrangian 描述中烦琐的流体网格重划分。ALE 方法适宜追踪自由面波动，在自由表面波动模拟中已得到广泛应用。对于这里的情况，只需使流体顶层节点速度和节点上流体流速在自由面的法向分量相等，即可求得流体顶层节点速度。

设顶层流体网格节点速度为 $\hat{V}_i$，节点上对应的流体流速为 V_i，$\widehat{l}_i$ 为 $\hat{V}_i$ 与自由面法线夹角余弦，l_i 为 V_i 与自由面法线夹角余弦；通过水平向边界节点插值，可以获得流体顶面网格节点水平向速度 $\hat{V}_1$，将其代入以下方程，可以获得流体顶面网格节点竖向速度 $\hat{V}_2$：

$$\hat{V}_i \widehat{l}_i = V_i l_i \tag{4.13}$$

为求解式(4.13)，需确定自由面外法线向量，设流体自由面外法线向量为 $\vec{n}$。由于有限元中流速与压强的形函数采用低阶插值函数，顶面节点两侧的自由面法线(见图 4.5)可能不一致，即节点坐标在相邻单元边上的空间导数不连续。这时节点处的自由面外法线取其两侧自由面法线平均值。

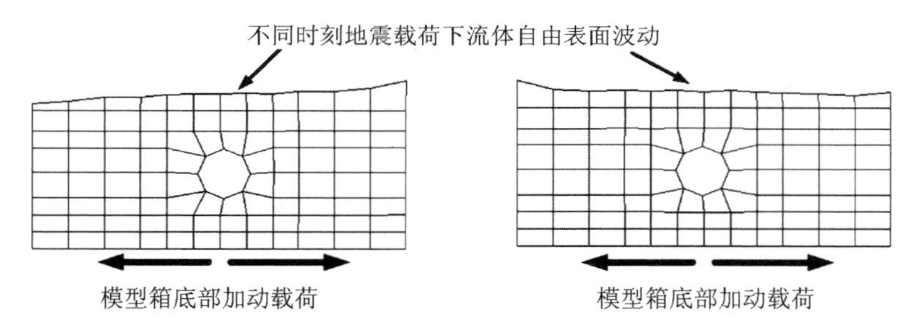

图 4.5　流体自由表面波动示意图

(2) 流体边界以内节点移动控制

对于流体边界以内节点的移动控制，由于已建立的流体微分方程中包含 ALE 项，因此，其有限元离散后已包含流体网格节点移动速度变量；这时只需控制流体网格节点移动速度，就可以实现这些流体网格节点移动。

以如图 4.2 所示的流体-土-地下结构的离散-连续耦合框架为例，若已知模型箱和地下结构的移动速度，以及顶层节点竖向速度，通过插值可以确定由这些边界包围的内部节点移动速度。

图 4.6 显示水平方向上边界节点 A_1 和 A_2，以及初始时刻两者连线包含的内部节点 C。参照图 4.2，边界节点 A_1 和 A_2 的速度表示模型箱边界或内部结构边界移动速度。在流体网格移动过程中，节点 A_1，A_2 和 C 对应的水平向速度分别为 V_x^1，V_x^2 和 V_x^C，初始时刻节点 A_1 和 C 水平向距离为 L_x^1，节点 A_2 和 C 水平向距离为 L_x^2，则运动过程中节点 C 水平向速度为

$$V_x^C = \frac{L_x^2 V_x^1 + L_x^1 V_x^2}{L_x^1 + L_x^2} \tag{4.14}$$

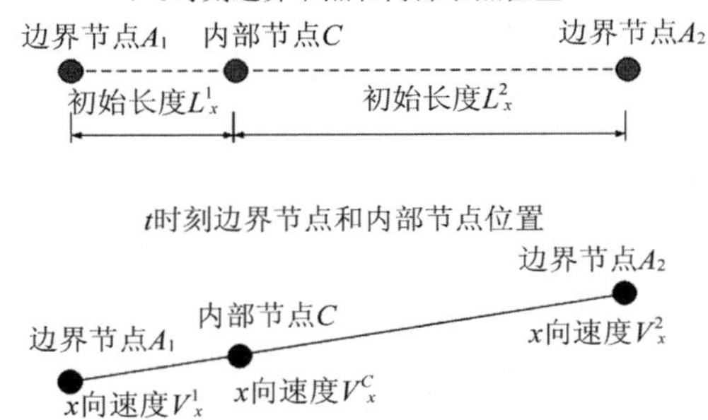

图 4.6　流体内部节点水平向速度控制示意图

图 4.7 显示竖直方向上边界节点 A_1 和 A_2，以及初始时刻两者连线包含的内部节点 C。参照图 4.2，边界节点 A_1 的速度表示模型箱边界或内部结构边界移动速度，或流体顶面节点速度，边界节点 A_2 的速度表示模型箱边界或内部结构边界移动速度。在流体网格移动过程中，节点 A_1，A_2 和 C 对应的竖向速度分别为 V_y^1，V_y^2 和 V_y^C，初始时刻节点 A_1 和 C 竖向距离为 L_y^1，节点 A_2 和 C 竖向距离为 L_y^2，则运动过程中节点 C 竖向速度为

$$V_y^C = \frac{L_y^2 V_y^1 + L_y^1 V_y^2}{L_y^1 + L_y^2} \tag{4.15}$$

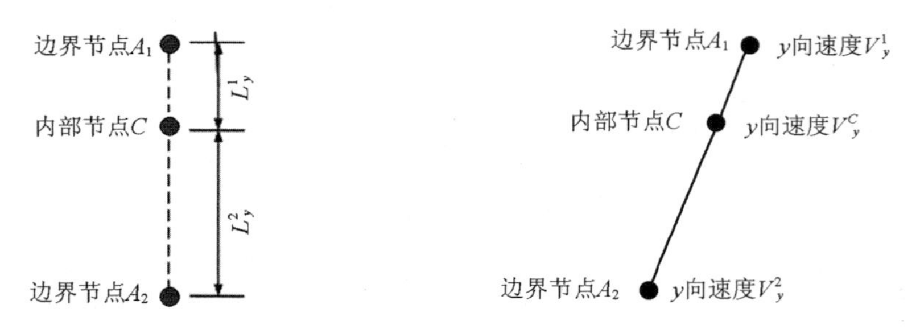

图 4.7　流体内部节点竖向速度控制示意图

由以上方法确定流体网格节点速度后，还需修正特定的网格节点速度。流体与宏细观固体耦合时，流体网格应明确区分固体连续区域和离散区域，

这时可以使固体宏细观耦合边界节点与流体节点重合，以连续固体在耦合边界上的节点速度来指定对应的流体网格节点速度。实际模拟时，以图4.2为例，可以看到，通过式(4.13)和式(4.14)进行边界节点插值所获得的流体网格节点速度，只指定了流体顶层节点的水平向速度，流体其他网格节点的移动速度都已由自由表面边界条件、固体节点速度和地下结构节点速度指定。

4.4　算例：模拟地震作用下结构与土体响应的离心机试验

4.4.1　计算参数及数值模型

模拟的原型来自 Ling 等的离心机试验[183]，选取用来模拟的试验编号为7，这个试验是在均质饱和砂中埋设圆管，输入加速度载荷为正弦波，其幅值为 15g，频率为 90Hz，持续时间为 2s。离心机的重力加速度为 30g，因此，其离心机试验对应的原型工况是载荷幅值为 0.5g、频率为 3Hz、持续时间为 60s 的正弦波载荷。比较 1995 年引起地下车站坍塌的日本神户地震，测得其加速度峰值约为 0.8g，地震加速度超过 0.5g 的时间没有超过 8s，因此，这里用来模拟的离心机试验可以看成强震，其加速度载荷大且持续时间长，对耦合模型是一种考验。

试验模型的尺寸：水平向长 71cm，流体顶面距试样底部 30cm，流体顶面比固体顶面高 0.8cm，圆管直径为 10cm 且距流体顶面 10cm，质量为 1.7kg。在圆管外表和饱和砂土中置孔压计和加速度计，并且在圆管上置位移计测量圆管上浮。图 4.10 中数值模型图与实际模型尺寸及测量装置布置是一致的。

砂土试样为 Nevada 砂，颗粒筛分结果如表 4.1 所示。试样级配曲线见图 4.8，最大孔隙比为 0.894，最小孔隙比为 0.516，砂土比重 G_s 为 2.68。试验中砂土相对密度为 38%，本节中对土性描述应用了 Arulmoli 等[184]的试验结果。Arulmoli 等[184]给出，Nevada 砂相对密度为 40%时渗透系数为 $6.6\times10^{-5}\mathrm{m\cdot s^{-1}}$。Nevada 砂参数如表 4.2 所示。

表 4.1 Nevada 砂颗粒筛分结果

筛分直径/mm	2.000	0.850	0.425	0.250	0.100	0.075
百分比	100.0	100.0	99.7	97.3	49.1	7.7

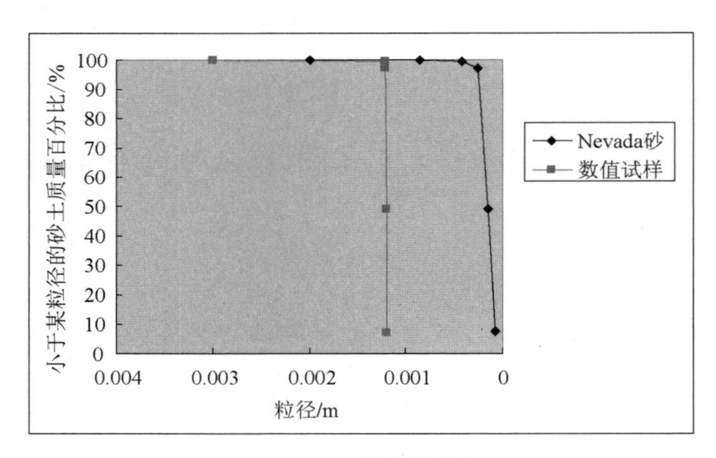

图 4.8 试样级配曲线

表 4.2 试验中 Nevada 砂参数

参数	最大孔隙比 e_{max}	最小孔隙比 e_{min}	最大干密度 ρ_{max} /(kg·m^{-3})	最小干密度 ρ_{min} /(kg·m^{-3})	比重 G_s	相对密度 D_r	渗透系数 k /(m·s^{-1})
数值	0.887	0.511	1767	1414	2.67	40%	6.6×10^{-5}

试验中流体为甲基纤维素溶液，其黏度为水的 30 倍。

由以上离心机试验为背景，先给出数值计算模型中参数设定，然后给出数值模型图示。

（1）离散颗粒模型参数

在离散元数值模拟中，由于计算机性能的限制，对于固体，即使是离散-连续耦合方法，仍须采用将实际砂土粒径放大的办法减少颗粒数量。数值模拟试样和离心机试验所采用的 Nevada 砂的级配曲线如图 4.8 所示。模拟时，需使数值试样的宏观性质对应于实际试验中砂的宏观性质。这里主要是使颗粒集合体宏观密度和内摩擦角与实际相近，然后用得到的颗粒试样进行渗透数值试验，校验其渗透系数是否与实际相近。Nevada 砂相对密度为 40%时，Arulmoli

等[184]给出内摩擦角为 34.24°，渗透系数为 $6.6\times10^{-5}\mathrm{m}\cdot\mathrm{s}^{-1}$。确定细观参数顺序如下：①基于实际砂的最大最小孔隙比和相对密度，以及二维和三维的孔隙率转换公式[181]，得到二维初始孔隙率 n 为 0.3021；然后由颗粒集合体的宏观密度与实际试样一致，可得颗粒密度 ρ_s^{ball} 为 $2203.1\mathrm{kg}\cdot\mathrm{m}^{-3}$。②进行流体-颗粒耦合的双轴压缩试验，不断调整颗粒的细观参数，使数值试样与上述内摩擦角相近，模拟过程与第 2 章中循环双轴试验的差别仅在于载荷为单向压缩；模拟得到的内摩擦角为 31.2°，这个过程需确定的颗粒细观参数有法向接触刚度 k_n、切向接触刚度 k_s 和颗粒摩擦系数 f_c。③进行渗透数值试验，如图 4.9 所示，模拟得到颗粒集合体渗透系数为 $7.8\times10^{-5}\mathrm{m}\cdot\mathrm{s}^{-1}$，同实际试样的渗透系数相比，差别为 18.2%。

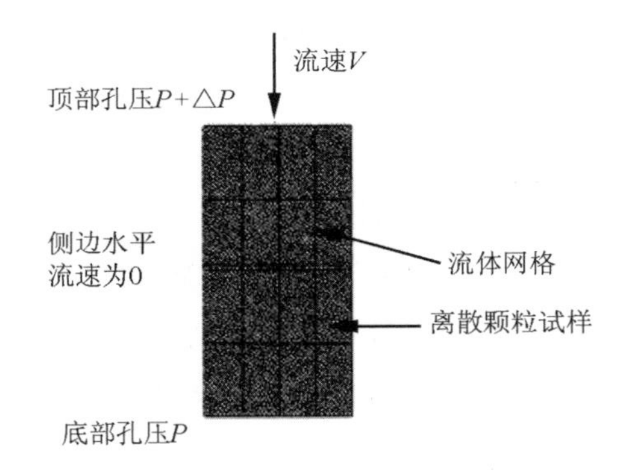

图 4.9　渗透数值试验模型

理论上，目前没有方法直接将离散颗粒细观参数同宏观参数联系起来，其最大的困难在于颗粒转动。因此，目前对于确定颗粒细观参数，只能通过数值试验不断凑试，使颗粒集合体的宏观参数与实际对应或接近。由于离散元模拟耗时，这样的凑试过程也需要较长的时间，而且不同的凑试过程可能得到不同的颗粒细观参数，这时只要颗粒集合体的宏观性质与指定的实际参数一致或接近，也可以选取不同凑试过程得到的细观参数用于模拟。试样细观参数，如颗粒孔隙率 n、法向接触刚度 k_n、切向接触刚度 k_s、颗粒摩擦系数 f_c 和颗粒密度 ρ_s^{ball}，如表 4.3 所示。

表 4.3　离散颗粒数值试样细观参数

参数	孔隙率 n	法向接触刚度 k_n /$(\mathrm{N}\cdot\mathrm{m}^{-1})$	切向接触刚度 k_s /$(\mathrm{N}\cdot\mathrm{m}^{-1})$	摩擦系数 f_c	颗粒密度 ρ_s^{ball} /$(\mathrm{kg}\cdot\mathrm{m}^{-3})$
数值	0.3021	5E−7	3E−7	3	2203

(2) 连续土体模型参数

在固相宏细观耦合模型中,需要保证离散颗粒集合体的宏观性质与连续土体一致。这里采用循环双轴数值试验,获得连续固体模型中的动模量和阻尼比,循环双轴频率取实际试验中载荷频率 90Hz。Rayleigh 阻尼模型中频率取载荷频率 90Hz。连续土体模型中,土体密度与实际试样一样,取 1537.5kg·m^{-3};由循环双轴数值试验得到动模量为 9.42MPa,阻尼比为 0.36。

(3) 结构参数

结构参数参考原试样;圆管为铝合金材质,总重为 1.7kg,外径为 10cm。圆管用分段梁单元模拟。梁单元密度为 12×10^3kg·m^{-3},注意这是等效密度,由圆管和圆管中测量元件的总重求得;杨氏模量为 200GPa,惯性矩 I_z 为 5.6×10^{-7}m^{-3}。

(4) 流体参数

在流固耦合下的流体方程中,流体数值模拟需确定的参数有流体密度 ρ_f、流体声速 c、流体黏度 μ_f、计算流固耦合力时三维颗粒孔隙率 n_{3d}。三维孔隙率按实际试验设定。注意,由流体体积模量和流体密度可求得流体声速,在流体微分方程中流体体积模量表现流体的微可压缩性。流体参数如表 4.4 所示。

表 4.4　流体参数

参数	流体密度 ρ_f /(kg·m^{-3})	流体声速 c /(m·s^{-1})	流体黏度 μ_f	三维颗粒孔隙率 n_{3d}
数值	1000	1482	0.03	0.42

图 4.10 给出了耦合模型的尺寸和监测点与测量圈的布置,其中模型尺寸和监测点布置是和实际试验对应的,只是编号顺序有所区别,测量圈只是在离散颗粒模型中具有。同实际模型一样,流体网格顶面节点高出固体顶面 0.8cm,流体网格其他节点分别与固体和结构节点对应,圆管用分段的梁单元模拟;孔压的监测点布置在流体节点上,有 $P_1\sim P_9$ 共 9 个孔压监测点,其中 P_1,P_2,P_3 和 P_4 监测点与结构节点重合;在结构上布置加速度监测点 $A_1\sim A_4$,在固体上布置加速度监测点 A_5 和 A_6;在地下结构的三个边上设置测量圈,测量圈是每隔一定计算步数就根据地下结构位置重新生成一次,以测量振动过程中地下结构附近离散颗粒集合体的平均有效应力。

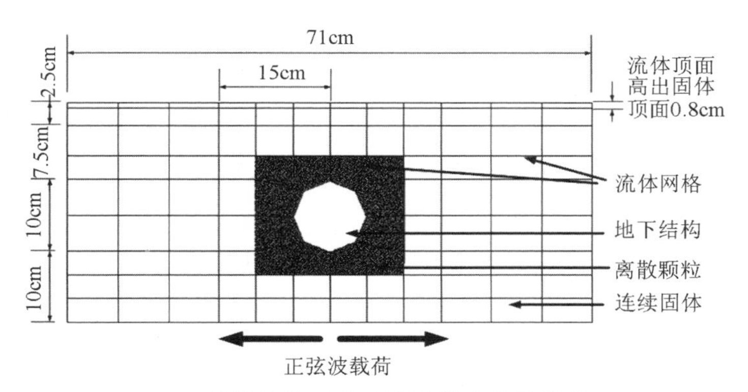

(a) 连续流体-宏细观固体耦合计算模型

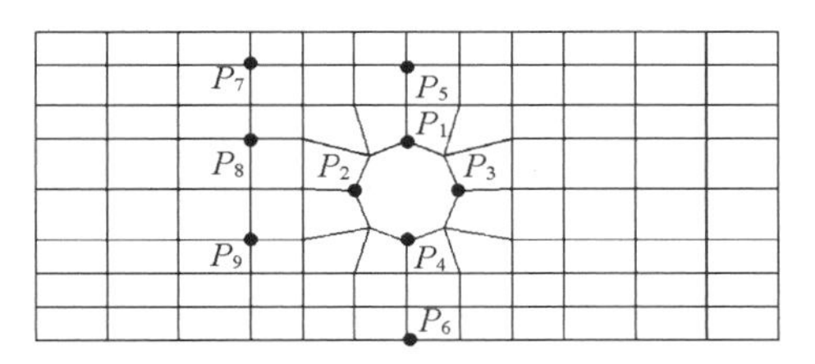

(b) 流体网格节点上孔压监测点布置图

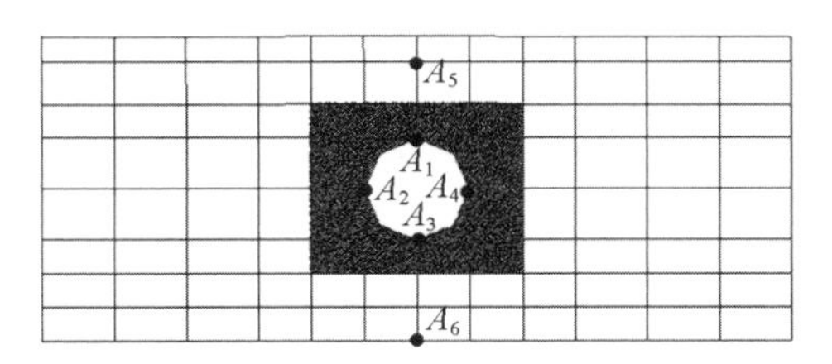

(c) 固体和结构节点上加速度监测点布置图

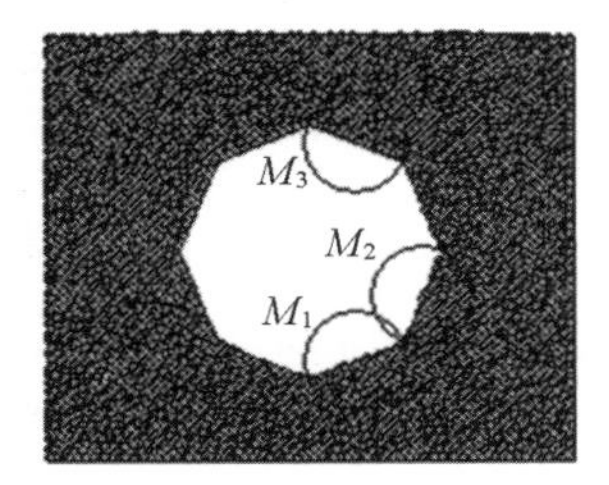

(d) 离散颗粒测量圈布置图

图 4.10　数值计算模型及监测点和测量圈布置图

4.4.2 模拟结果及分析

图 4.11 是离心机动力载荷刚结束时(动力作用时间为 2s)的耦合模型图,从图中可以看到地下结构上浮,流体顶面有自由表面波动。需要说明的是,流体自由表面波动是计入流体动量守恒方程后的结果;另外,模拟中追踪流体自由表面波动的必要性已在 4.3.2 节中做了详细论述,其主要原因是为保证引入流体动量守恒方程后计算的稳定性。

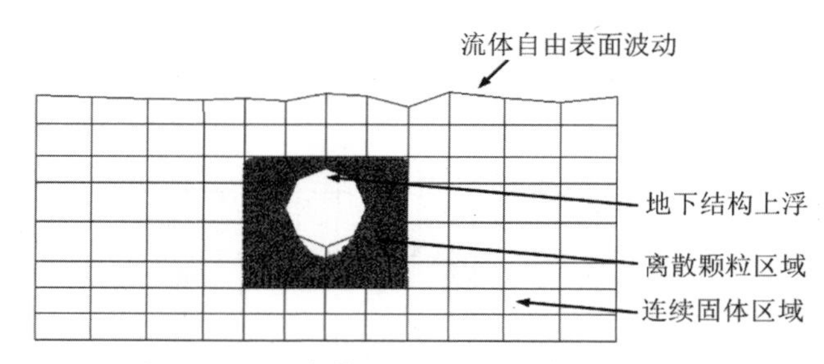

图 4.11 耦合模型图(动力作用时间为 2s)

(1) 孔隙水压力

设初始孔隙水压力为 u_0,t 时刻孔隙水压力为 u_t,初始竖向有效应力为 σ'_{v0},超静孔隙水压力 Δu 和超静孔隙水压力比 r_u 分别定义为

$$\Delta u = u_t - u_0 \tag{4.16}$$

$$r_u = \frac{\Delta u}{\sigma'_{v0}} \tag{4.17}$$

图 4.12~图 4.15 给出地下结构对应的流体节点 $P_1 \sim P_4$ 上超静孔隙水压力时程曲线,图 4.16~图 4.20 给出固体节点对应的流体节点 $P_5 \sim P_9$ 上超静孔隙水压力时程曲线。监测点 $P_1 \sim P_4$ 上超静孔隙水压力随时间降低的过程与地下结构上浮的过程是对应的,监测点 P_1 在结构顶部增加的孔隙水压力最小,监测点 P_3 在结构底部增加的孔隙水压力最大;可知,随着深度增加,超静孔隙水压力增大。连续固体区域的孔压监测点 $P_5 \sim P_9$ 同样显示,随着深度增加,超静孔隙水压力增大。

图 4.21~图 4.24 给出地下结构对应的流体节点 $P_1 \sim P_4$ 上超静孔隙水压力比时程曲线,图 4.25~图 4.29 给出连续固体区域流体节点 $P_5 \sim P_9$ 上超静孔隙水压力比时程曲线。实际试验给出监测点 P_1,P_2,P_3,P_5,P_6,P_8 和 P_9

上的超静孔隙水压力比曲线：结构顶部监测点 P_1 上最大值约为 0.5，结构左侧中部监测点 P_2 上最大值约为0.75，结构底部监测点 P_3 上最大值约为 0.5，监测点 P_5 上先出现负孔压再上升，监测点 P_6 上最大值约为 0.75，监测点 P_8 上最大值超过 1.0，监测点 P_9 上最大值约为 0.9。模拟得到的超静孔隙水压力比，在结构节点上，监测点 P_1 和 P_3 上最大值约为 1.0，P_2 上最大值超过 1.0，在结构附近模拟得到的超静孔隙水压力比要比实际结果大；在连续固体区域，监测点 P_5 上超静孔隙水压力比约为 1.0 并在后期有较大波动，但没有出现负孔压的情况，监测点 P_6 上最大值约为 0.9，P_8 和 P_9 上的最大值要大于 1.0，连续固体区域模拟得到的超静孔隙水压力比要比实际结果大。另外，在结构侧边中点 P_3 上，以及连续固体区域的流体节点 P_8 和 P_9 上，相对实际试验结果模拟得到的超静孔隙水压力比时程曲线有较大波动。

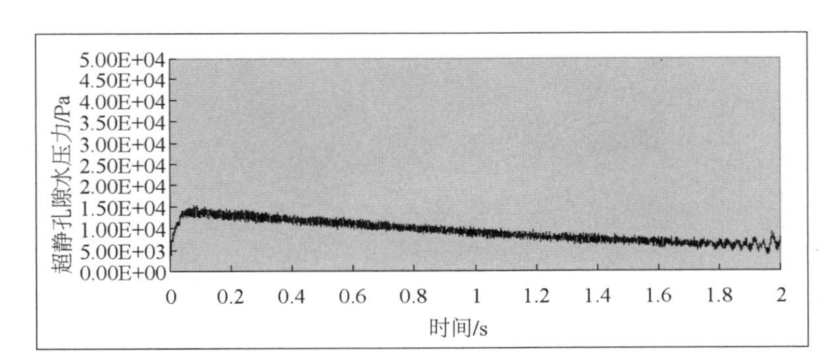

图 4.12　监测点 P_1(流体节点与结构节点重合)超静孔隙水压力时程曲线

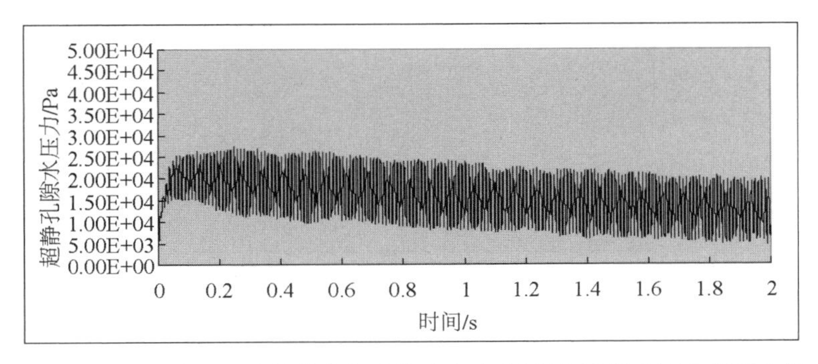

图 4.13　监测点 P_2(流体节点与结构节点重合)超静孔隙水压力时程曲线

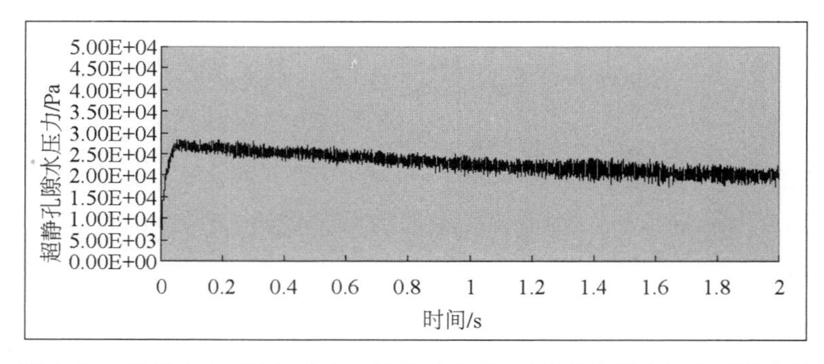

图 4.14 监测点 P_3(流体节点与结构节点重合)超静孔隙水压力时程曲线

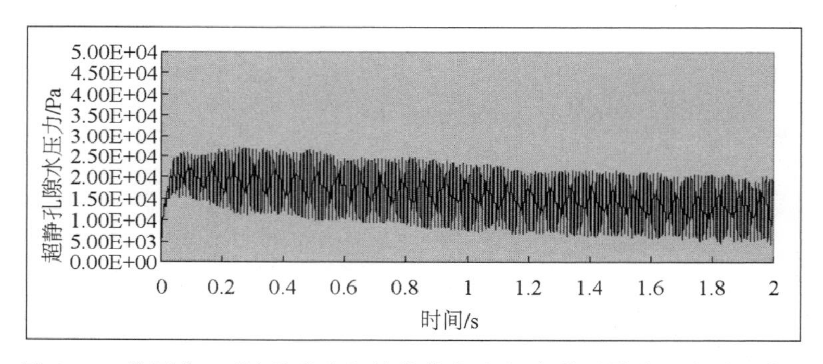

图 4.15 监测点 P_4(流体节点与结构节点重合)超静孔隙水压力时程曲线

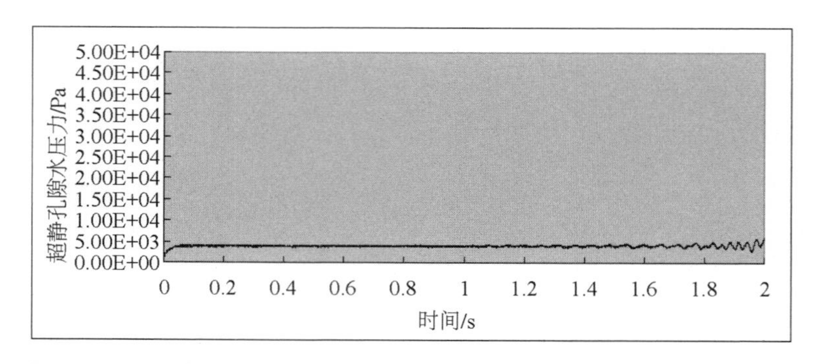

图 4.16 监测点 P_5(流体节点与固体节点对应)超静孔隙水压力时程曲线

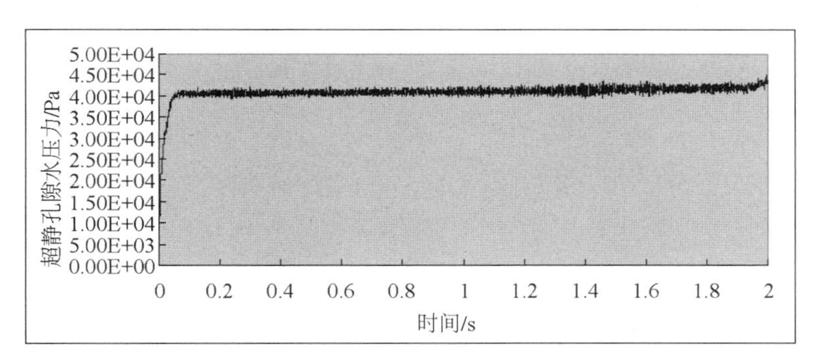

图 4.17　监测点 P_6(流体节点与固体节点对应)超静孔隙水压力时程曲线

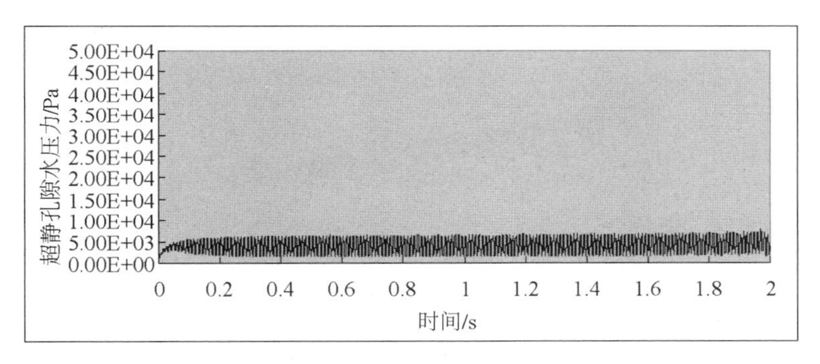

图 4.18　监测点 P_7(流体节点与固体节点对应)超静孔隙水压力时程曲线

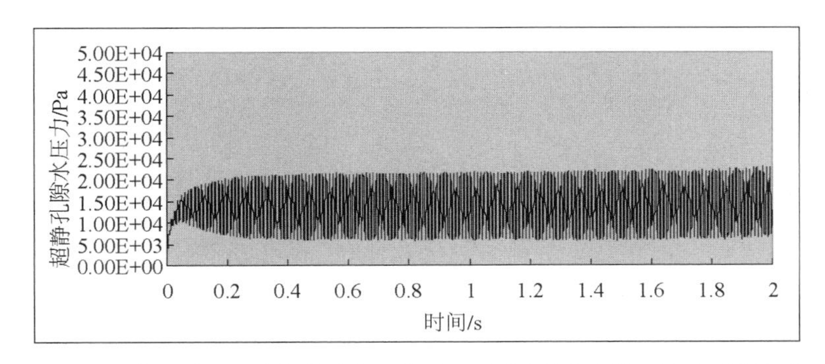

图 4.19　监测点 P_8(流体节点与固体节点对应)超静孔隙水压力时程曲线

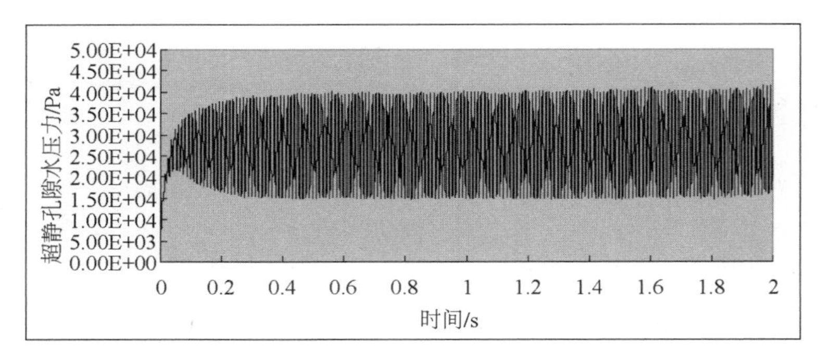

图 4.20　监测点 P_9(流体节点与固体节点对应)超静孔隙水压力时程曲线

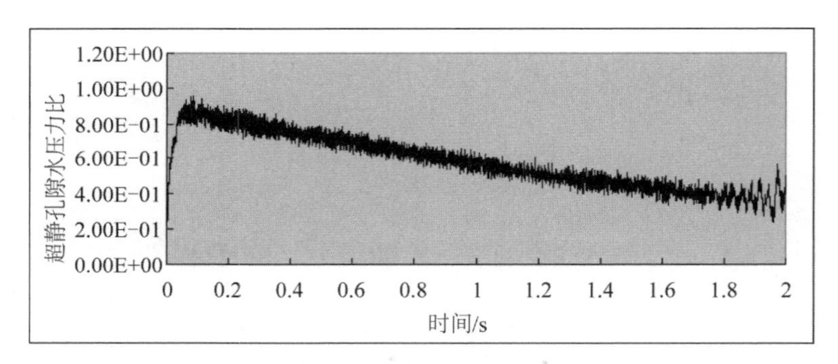

图 4.21　监测点 P_1(流体节点与结构节点重合)超静孔隙水压力比时程曲线

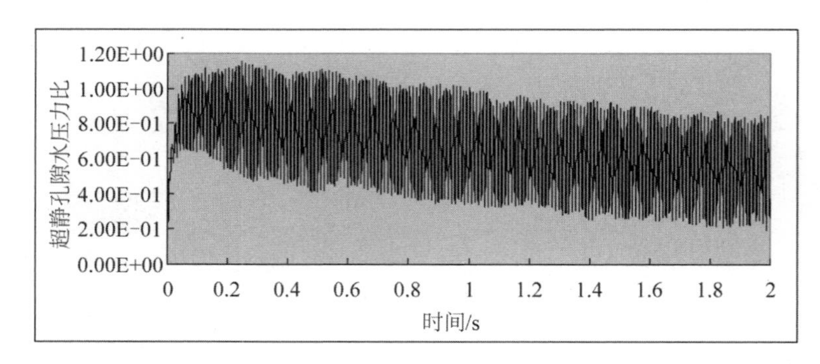

图 4.22　监测点 P_2(流体节点与结构节点重合)超静孔隙水压力比时程曲线

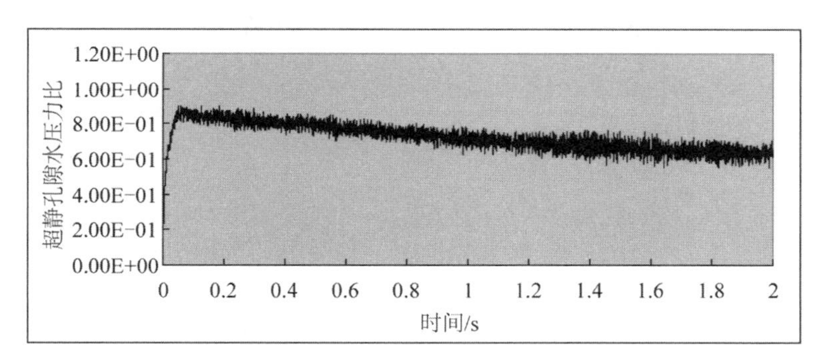

图 4.23　监测点 P_3(流体节点与结构节点重合)超静孔隙水压力比时程曲线

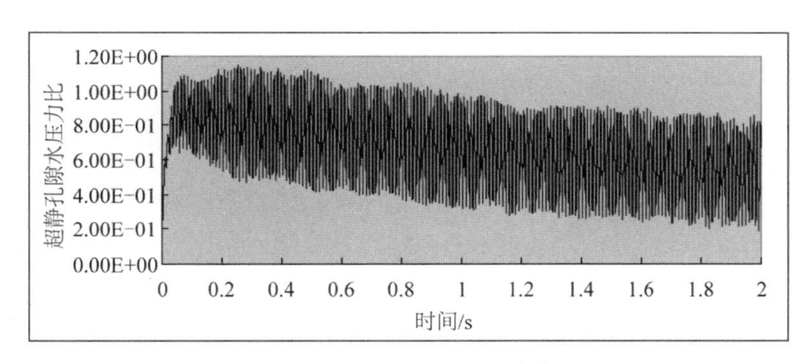

图 4.24　监测点 P_4(流体节点与结构节点重合)超静孔隙水压力比时程曲线

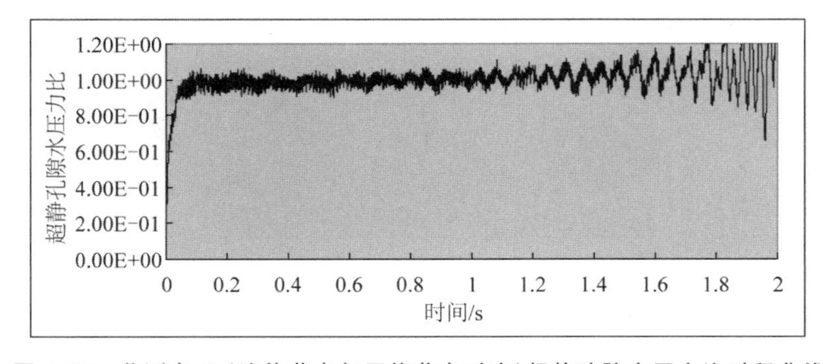

图 4.25　监测点 P_5(流体节点与固体节点对应)超静孔隙水压力比时程曲线

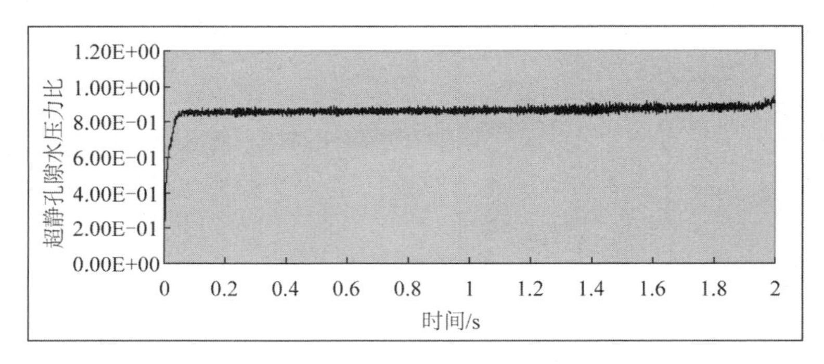

图 4.26　监测点 P_6(流体节点与固体节点对应)超静孔隙水压力比时程曲线

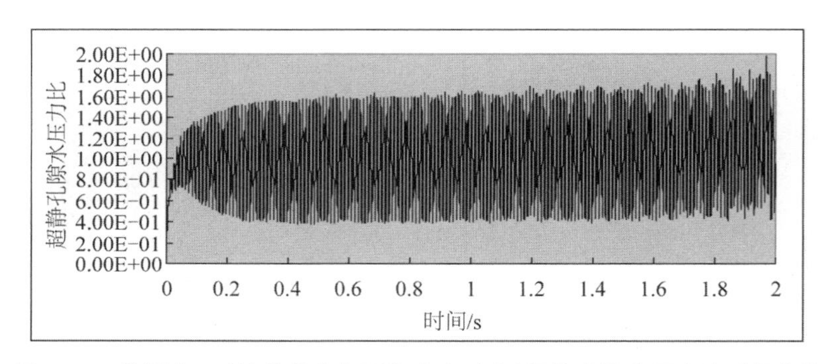

图 4.27　监测点 P_7(流体节点与固体节点对应)超静孔隙水压力比时程曲线

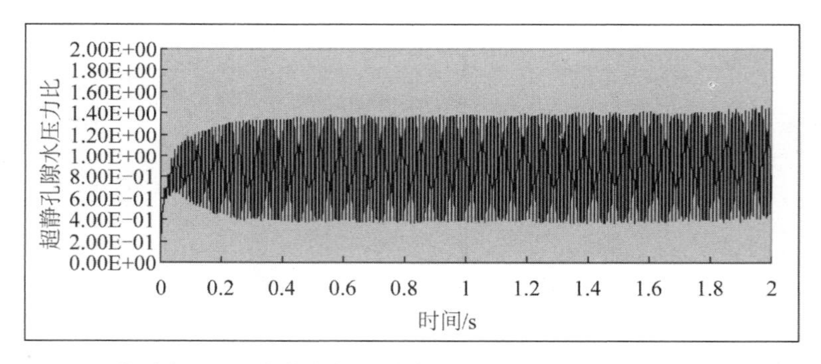

图 4.28　监测点 P_8(流体节点与固体节点对应)超静孔隙水压力比时程曲线

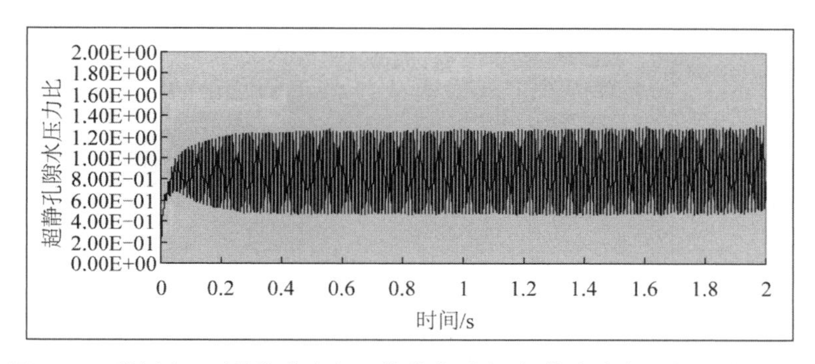

图 4.29　监测点 P_9(流体节点与固体节点对应)超静孔隙水压力比时程曲线

(2) 加速度

图 4.30 给出地下结构的平均水平向加速度时程曲线，图 4.31 和图 4.32 给出固体监测点 A_5 和 A_6 的水平向加速度时程曲线。实际试验[183]中，给出的加速度时程曲线是换算为原型的，即实测加速度值除以离心机重力放大倍数 30；在整个加载过程中，结构左侧中点 A_2 水平向加速度最大值大于 0.4g，结构的其他监测点 A_1，A_3 和 A_4 水平向加速度小于 0.2g，连续固体区域监测点 A_5 水平向加速度小于 0.2g，连续固体底部监测点 A_5 水平向加速度开始时大于0.4g，然后减小至 0.2g 左右。模拟时，由于结构受到的载荷是平均加到结构节点上的，并且没有考虑结构的转动，因此，模拟得到的结构各点水平向加速度是一致的，图4.30中结构节点加速度取平均值。由图 4.30～图 4.32 可知，模拟得到的加速度换算至原型时，结构平均水平向加速度最大值约为 0.8g，连续固体区域监测点 A_5 和 A_6 的加速度约为 0.4g，模拟得到的加速度要大于实测值。地下结构加速度模拟值大于实测值的原因可能在于：离散颗粒-连续固体耦合面上没有完全消除的动力反射加大了颗粒区域的振荡，从而加大了地下结构的加速度。

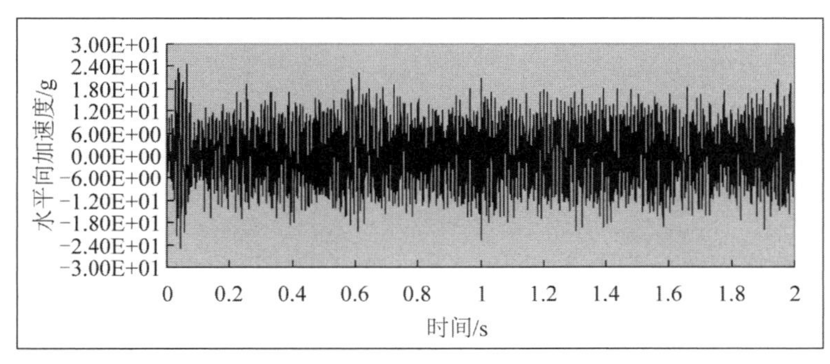

图 4.30　地下结构平均水平向加速度时程曲线

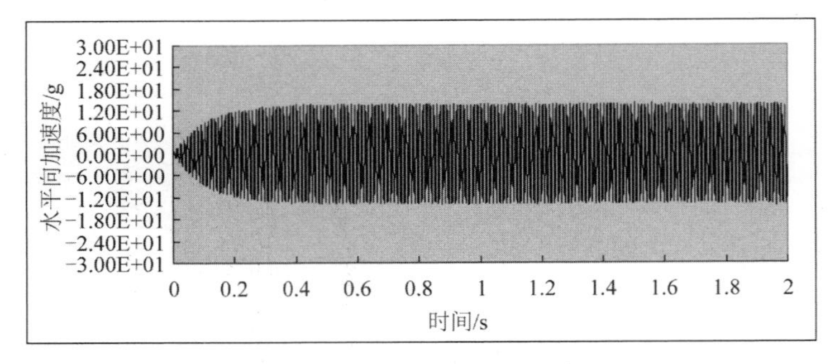

图 4.31　固体监测点 A_5 水平向加速度时程曲线

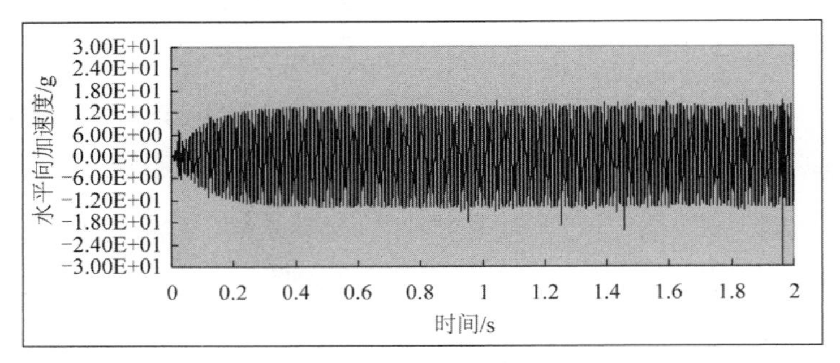

图 4.32　固体监测点 A_6 水平向加速度时程曲线

（3）地下结构上浮

图 4.33 给出地下结构上浮位移时程曲线，监测点为地下结构顶部。动力载荷刚结束时（动力载荷作用时间为 2s）上浮位移为 0.22cm，换算成原型，即乘以离心机重力放大倍数 30，为 6.6cm；实际试验给出的结果是换算为原型的，其上浮位移约为 40cm。模拟和试验结果有差别的主要原因在于：连续固体模型难以体现离散颗粒模型被地下结构上浮挤开钻入的过程，且可模拟的变形过小，即连续固体区域阻碍了地下结构上浮。

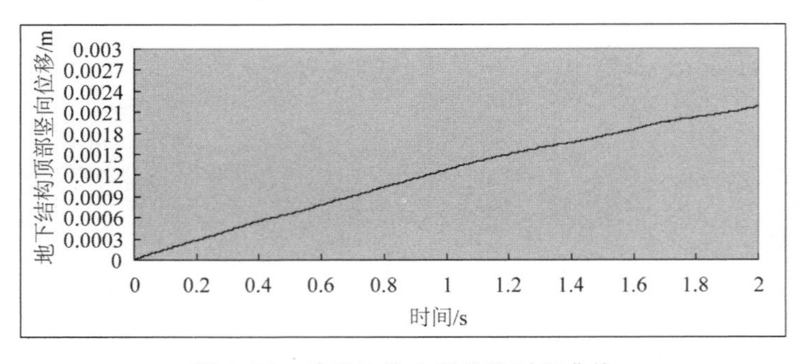

图 4.33　地下结构上浮位移时程曲线

(4) 地下结构附近颗粒集合体有效应力

图4.34～图4.36分别给出测量圈1(地下结构下部)、测量圈2(地下结构右侧中部)和测量圈3(地下结构顶部)中颗粒集合体的水平向平均有效应力σ'_x,图4.37～图4.39分别给出测量圈1、测量圈2和测量圈3中的竖向平均有效应力σ'_y,图4.40～图4.42分别给出测量圈1、测量圈2和测量圈3中的平均有效剪应力τ'_{xy}。测量圈布置如图4.10(d)所示。由于测量圈的位置是由结构位置确定的,每个测量圈只有一半的面积在离散颗粒区域中,因此,对于其测量得到的有效应力值需乘以2;图4.34～图4.42显示的有效应力曲线是测量圈测得的值乘以2以后得到的。由图4.11可知,动力加载刚结束时(动力加载时间为2s),由于地下结构上浮,地下结构下部(测量圈1所在位置)与颗粒集合体脱离并且有较大空隙,地下结构右侧中部(测量圈2所在位置)与颗粒有接触,地下结构顶部(测量圈3所在位置)在上浮过程中挤压上部颗粒。相应地,在加载过程中,测量圈1(地下结构下部)中测得的有效应力降低并接近于0,虽然一开始有效应力降低至0显示液化的影响,但其后测得的有效应力为0是由于结构与颗粒脱离较远时测量圈中包含太少颗粒所致;测量圈2(地下结构右侧中部)中测得的有效应力在加载初始阶段降低至0且在其后的过程中有微小波动,并且测量圈2中结构与颗粒在图4.11中没有看到明显分离,显示了颗粒集合体在液化过程中有效应力接近于0,但同时与结构的碰撞造成其有效应力的微小波动;测量圈3(地下结构顶部)中有效应力有较大波动,但没有降低至0,显示地下结构上浮过程中与离散颗粒的相互碰撞作用。

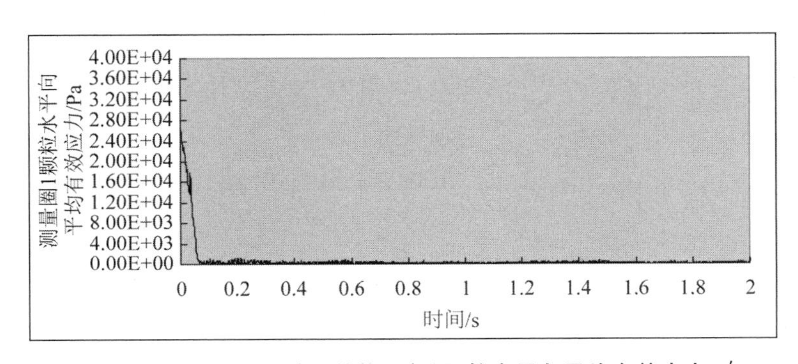

图4.34 测量圈1(地下结构下部)颗粒水平向平均有效应力σ'_x

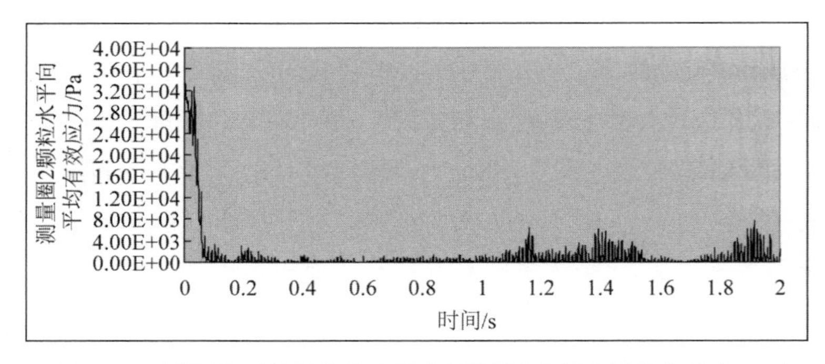

图 4.35　测量圈 2(地下结构右侧中部)颗粒水平向平均有效应力 σ'_x

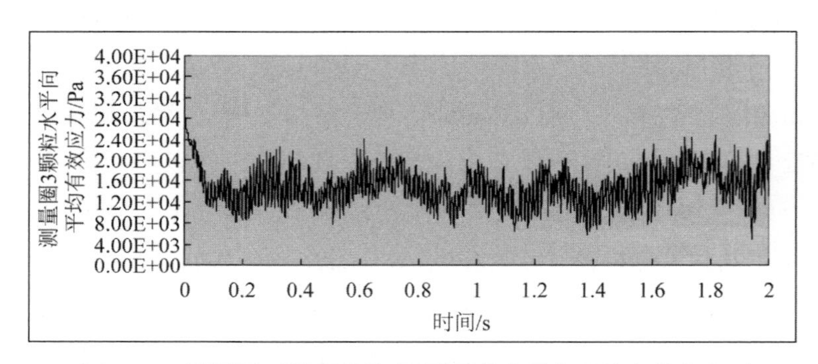

图 4.36　测量圈 3(地下结构顶部)颗粒水平向平均有效应力 σ'_x

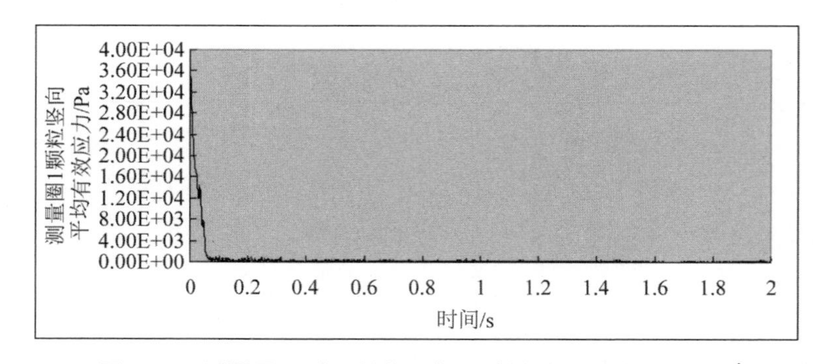

图 4.37　测量圈 1(地下结构下部)颗粒竖向平均有效应力 σ'_y

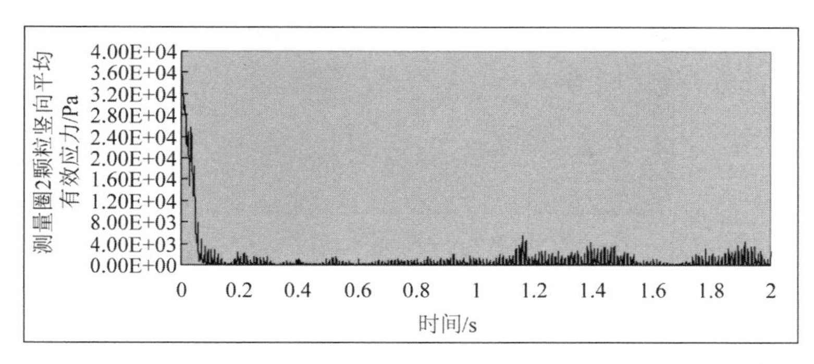

图 4.38　测量圈 2(地下结构右侧中部)颗粒竖向平均有效应力 σ'_y

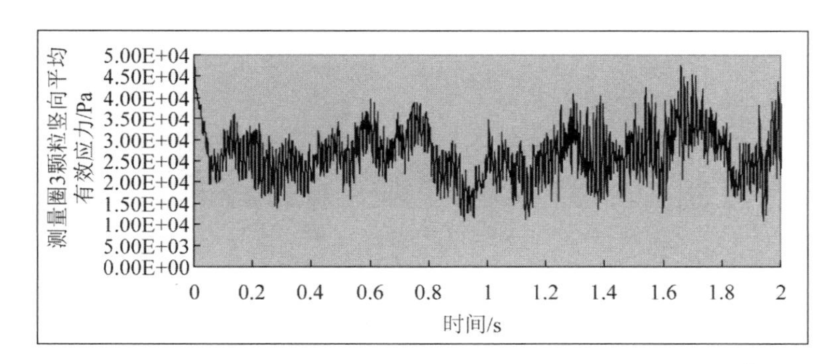

图 4.39　测量圈 3(地下结构顶部)颗粒竖向平均有效应力 σ'_y

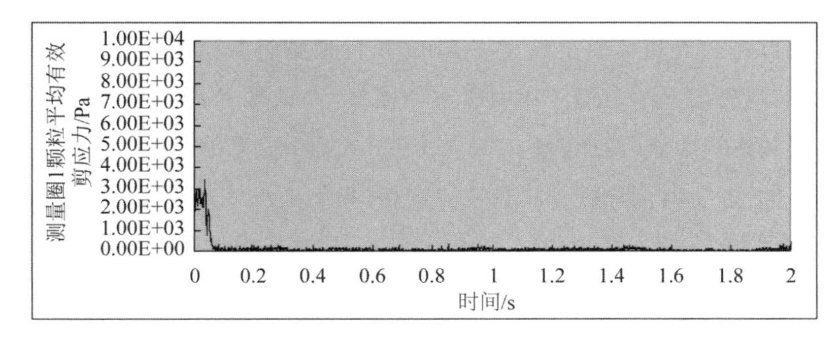

图 4.40　测量圈 1(地下结构下部)颗粒平均有效剪应力 τ'_{xy}

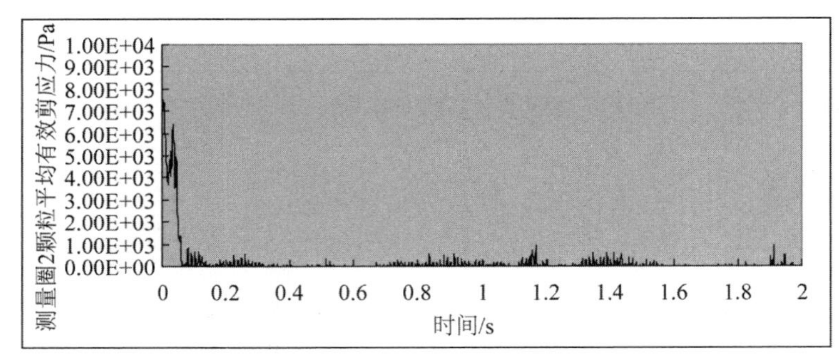

图 4.41　测量圈 2(地下结构右侧中部)颗粒平均有效剪应力 τ'_{xy}

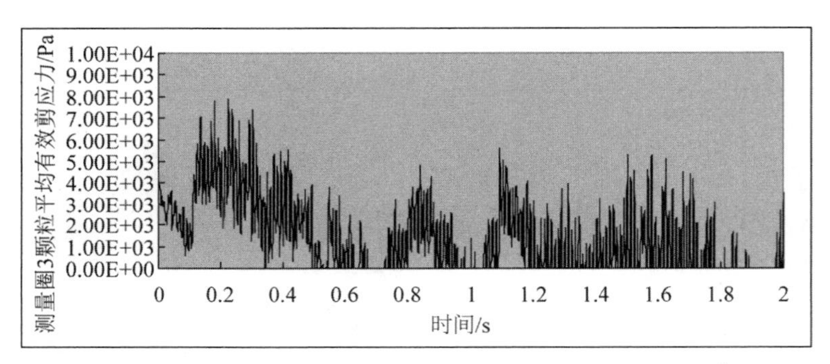

图 4.42　测量圈 3(地下结构顶部)颗粒平均有效剪应力 τ'_{xy}

4.5　小　结

本章首先在宏观尺度上给出将 Finn 液化模型引入流体动量守恒方程的方法,在细观尺度上结合第 3 章中所述的流体-离散颗粒耦合动力分析方法,建立离散和连续固体分别与统一流体方程耦合的框架;然后基于此框架,结合固体离散-连续耦合分析方法和流体方程,提出了流体-土-地下结构的双尺度动力分析方法;最后基于此耦合分析方法,对地震中地下结构和可液化土体响应的离心机试验进行模拟。

参考文献

[1] Cundall P A, Strack O D L. Discrete numerical model for granular assemblies[J]. Geotechnique, 1979, 29: 47 - 65.

[2] Patricia A T, Jonathan D B. Capturing nonspherical shape of granular media with disk clusters [J]. Journal of Geotechnical and Geoenvironmental Engineering, 1999, 125: 169 - 178.

[3] Jensen R P, Bosscher P J, Plesha M E, *et al*. DEM simulation of granular media-structure interface: Effects of surface roughness and particle shape[J]. International Journal for Numerical and Analytical Methods in Geomechanics, 1999, 23: 531 - 547.

[4] Jensen R P, Edil T B, Bosscher P J, *et al*. Effect of particle shape on interface behavior of DEM-simulated granular materials [J]. The International Journal of Geomechanics, 2001, 1(1): 1 - 19.

[5] Ting J M. A robust algorithm for ellipse-based discrete element modeling of granular materials[J]. Computers and Geotechnics, 1992, 13: 175 - 186.

[6] Rothenburg L, Bathurst R J. Micromechanical features of granular assemblies with planar elliptical particles[J]. Geotechnique, 1992, 42(1): 79 - 95.

[7] Ting J M, Mahmood K, Larry R M, *et al*. An ellipse-based discrete element model for granular materials [J]. International Journal for

Numerical and Analytical Methods in Geomechanics, 1993, 17: 603 - 623.

[8] Lin X, Ng T T. A three-dimensional discrete element model using arrays of ellipsoids[J]. Geotechnique, 1997, 47(2): 319 - 329.

[9] Vu-Quoc L, Zhang X, Walton O R. A 3-D discrete-element method for dry granular flows of ellipsoidal particles[J]. Computer Methods in Applied Mechanics and Engineering, 2000, 187: 483 - 528.

[10] Ng T T. Fabric evolution of ellipsoidal arrays with different particle shapes[J]. Journal of Engineering Mechanics, 2001, 127(10): 994 - 999.

[11] Quadfel H, Rothenburg L. 'Stress-force-fabric' relationship for assemblies of ellipsoids[J]. Mechanics of Materials, 2001, 33(00): 201 - 221.

[12] Barbosa R, Ghaboussi J. Discrete finite element method [J]. Engineering Computations, 1992, 9(2): 253 - 266.

[13] Hosseininia E S, Mirghasemi A A. Numerical simulation of breakage of two-dimensional polygon-shaped particles using discrete element method[J]. Powder Technology, 2006, 166: 100 - 112.

[14] Elperin T, Golshtein E. Comparison of different models for tangential forces using the particle dynamics method[J]. Physica A, 1997, 242: 332 - 340.

[15] Iwashita K, Oda M. Rolling resistance at contacts in simulation of shear band and development by DEM[J]. Journal of Engineering Mechanics, 1998, 124: 285 - 292.

[16] Zhang D, Whiten W J. A new calculation method for particle motion in tangential direction in discrete simulations[J]. Powder Technology, 1999, 102: 235 - 243.

[17] Jiang M J, Yu H S, Harris D. A novel discrete model for granular material incorporating rolling resistance[J]. Computers and Geotechnics, 2005, 32: 340 - 357.

[18] Hogue C. Shape representation and contact detection for discrete

element simulation of arbitrary geometries [J]. Engineering Computation, 1998, 15(3): 374 - 390.

[19] Algis D, Bernhard P. A new approach to detect the contact of two-dimensional elliptical particles[J]. International Journal for Numerical and Analytical Methods in Geomechanics, 2001, 25: 1487 - 1500.

[20] Johnson S, William J R. Contact resolution algorithm for an ellipsoid approximation for discrete element modeling [J]. Engineering Computation, 2004, 21(2/3/4): 215 - 234.

[21] Cambou B, Dubujet P, Emeriault F, *et al*. Homogenization for granular materials[J]. European Journal of Mechanics, A/Solids, 1995, 14(2): 255 - 276.

[22] Chang C S, Gao J. Second-gradient constitutive theory for granular material with random packing structure[J]. International Journal of Solids and Structures, 1995, 32(16): 2279 - 2293.

[23] Emeriault F, Cambou B. Micromechanical modelling of anisotropic non-linear elasticity of granular medium[J]. International Journal of Solids and Structures, 1996, 33(18): 2591 - 2607.

[24] Hicher P Y, Chang C S. A microstructural elastoplastic model for unsaturated granular materials[J]. International Journal of Solids and Structures, 2005, 44: 2304 - 2323.

[25] Hicher P Y, Chang C S. Evaluation of two homogenization techniques for modeling the elastic behavior of granular materials[J]. Journal of Engineering Mechanics, 2005, 131(11): 1184 - 1194.

[26] Hicher P Y, Chang C S, Dano C. Multi-scale modeling of grouted sand behavior[J]. International Journal of Solids and Structures, 2008, 45: 4362 - 4374.

[27] Scholtes L, Hicher P Y, Nicot F, *et al*. On the capillary stress tensor in wet granular materials[J]. International Journal for Numerical and Analytical Methods in Geomechanics, 2009, 33: 1289 - 1313.

[28] Andrade J E, Tu X. Multiscale framework for behavior prediction in

granular media[J]. Mechanics of Materials, 2009, 41: 652 - 669.

[29] Chen Q, Andrade J E, Samaniego E. AES for multiscale localization modeling in granular media [J]. Computer Methods in Applied Mechanics and Engineering, 2011, 200: 2473 - 2482.

[30] Andrade J E, Avila C F, Hall S A, *et al*. Multiscale modeling and characterization of granular matter: From grain kinematics to continuum mechanics [J]. Journal of the Mechanics and Physics of Solids, 2011, 59: 237 - 250.

[31] Cai M, Kaiser P K, Morioka H, *et al*. FLAC/PFC coupled numerical simulation of AE in large-scale underground excavations [J]. International Journal of Rock Mechanics and Mining Sciences, 2007, 44(18): 550 - 564.

[32] Jin W, Zhou J. A coupled micro-macro method for pile penetration analysis[C]// Roger M, Andrew A, Linbing W. Proceedings of the 2010 GeoShanghai International Conference. Shanghai: Geotechnical Special Publication, 2010(200): 234 - 239.

[33] 周健，邓益兵，贾敏才，等. 基于颗粒单元接触的二维离散-连续耦合分析方法[J]. 岩土工程学报，2010, 32(10): 1479 - 1484.

[34] Brooks A N, Hughes T J R. Streamline upwind/Petrove-Galerkin formulations for convection dominated flows with particular emphasis on the incompressible Navier-Stokes equations[J]. Computer Methods in Applied Mechanics and Engineering, 1982, 32: 199 - 259.

[35] Zienkiewicz O C, Taylor R L, Nithiarasu P. The Finite Element Method for Fluid Dynamics (6th Edition) [M]. Singapore: Elsevier (Singapore) Pte Ltd, 2009.

[36] Babuska I. The finite element method with Lagrange multipliers[J]. Numerische Mathematik, 1973, 20: 179 - 192.

[37] Brezzi F. On the existence uniqueness and approximation of saddle-point problems arising from Lagrangian multipliers [J]. Revue Francaise d'Automatique Informatique Recherche Operationnelle, 1974, 8: 129 - 151.

[38] Hughes T J R, Franca L P, Mallet M. A new finite element formulation for computation fluid dynamics: Ⅴ. Circumventing the Babuska-Brezzi condition: A stable Petrov-Galerkin formulation of the Stokes problem accommodating equal-order interpolation[J]. Computer Methods in Applied Mechanics and Engineering, 1986, 59: 85－99.

[39] Zienkiewicz O C, Qu S, Taylor R L, *et al*. The patch test for mixed formulations [J]. International Journal for Numerical Methods in Engineering, 1986, 23: 1873－1883.

[40] Zienkiewicz O C, Taylor R L. The finite element patch test revisited: A computer test for convergence, validation and error estimates[J]. Computer Methods in Applied Mechanics and Engineering, 1997, 149: 223－254.

[41] Hughes T J R, Franca L P, Mallet M. A new finite element formulation for computation fluid dynamics: Ⅵ. Convergence analysis of the generalized SUPG formulation for linear time-dependent multidimensional advective-diffusive systems [J]. Computer Methods in Applied Mechanics and Engineering, 1987, 63: 97－112.

[42] Hughes T J R, Franca L P. A new finite element formulation for computation fluid dynamics: Ⅶ. The Stokes problem with various well-posed boundary conditions: Symmetric formulations that converge for all velocity/pressure spaces [J]. Computer Methods in Applied Mechanics and Engineering, 1987, 65: 85－96.

[43] Hughes T J R, Franca L P, Hulbert G M. A new finite element formulation for computation fluid dynamics: Ⅷ. The Galerkin/least-squares method for advective-diffusive equations [J]. Computer Methods in Applied Mechanics and Engineering, 1989, 73: 173－189.

[44] Hughes T J R. Recent progress in the development and understanding of SUPG methods with special reference to the compressible Euler and Navier-Stokes equations [J]. International Journal for Numerical Methods in Fluids, 1987, 7(11): 1261－1275.

[45] Hughes T J R, Stewart J R. A space-time formulation for multiscale

phenomena[J]. Journal of Computational and Applied Mathematics, 1996, 74: 217-229.

[46] Hughes T J R, Feijoo G R, Mazzei L, *et al*. The variational multiscale method - a paradigm for computational mechanics [J]. Computer Methods in Applied Mechanics and Engineering, 1998, 166: 3-24.

[47] Hughes T J R, Scovazzi G, Bochev P B, *et al*. A Multiscale discontinuous Galerkin method with the computational structure of a continuous Galerkin method[J]. Computer Methods in Applied Mechanics and Engineering, 2006, 195: 2761-2787.

[48] Zhang L T. Multi-scale Analysis on Fluid and Fluid-Structure Interactions Using Meshfree and Finite Element Methods[D]. Evanston: Northwestern University, 2003.

[49] Wagner G J. A Numerical Investigation of Particular Channel Flow [D]. Evanston: Northwestern University, 2001.

[50] Gunther F C. Meshfree Formulation for the Numerical Solution of the Viscous, Compressible Navier-Stokes Equations [D]. Evanston: Northwestern University, 1998.

[51] Zhang L T, Wagner G J, Liu W K. A parallelized meshfreee method with boundary enrichment for large-scale CFD [J]. Journal of Computational Physics, 2002, 176: 483-506.

[52] Zienkiewicz O C, Codina R. A general algorithm for compressible and incompressible flow, Part Ⅰ: The split, characteristic-based scheme [J]. International Journal for Numerical Methods in Fluids, 1995, 20: 869-885.

[53] Zienkiewicz O C, Sai B V K S, Morgan K, *et al*. A general algorithm for compressible and incompressible flow, Part Ⅱ: Tests on the explicit form [J]. International Journal for Numerical Methods in Fluids, 1995, 20: 887-913.

[54] Massarotti N, Nithiarasu P, Zienkiewicz O C. Characteristic-based-split (CBS) algorithm for imcompressible flow problems with heat

transfer[J]. International Journal of Numerical Methods in Heat & Fluid Flow, 1998, 8(8): 969-990.

[55] Nithiarasu P, Zienkiewicz O C. On stabilization of the CBS algorithm: Internal and external time steps [J]. International Journal for Numerical Methods in Engineering, 2000, 48: 875-880.

[56] Nithiarasu P. On boundary conditions for the characteristic based split (CBS) algorithm for fluid dynamics [J]. International Journal for Numerical Methods in Engineering, 2002, 54: 523-536.

[57] Codina R, Zienkiewicz O C. CBS versus GLS stabilization of the incompressible Navier-Stokes equations and the role of the time step as stabilization parameter[J]. Communication in Numerical Methods in Engineering, 2002, 18: 99-112.

[58] Nithiarasu P. An efficient artificial compressibility (AC) scheme based on the characteristic based split (CBS) method for incompressible flows [J]. International Journal for Numerical Methods in Engineering, 2003, 56: 1815-1845.

[59] Tezduyar T E, Behr M, Liou J. A new strategy for finite element computations involving moving boundaries and interfaces - the deforming-spatial-domain/space-time procedure: Ⅰ. The concept and the preliminary numerical tests[J]. Computer Methods in Applied Mechanics and Engineering, 1992, 94: 339-351.

[60] Tezduyar T E, Behr M, Liou J. A new strategy for finite element computations involving moving boundaries and interfaces - the deforming-spatial-domain/space-time procedure: Ⅱ. Computation of free-surface flows, two-liquid flows, and flows with drifting cylinders [J]. Computer Methods in Applied Mechanics and Engineering, 1992, 94: 353-371.

[61] Belytschko T, Liu W K, Moran B. Nonlinear Finite Element for Continua and Structures[M]. New York: Wiley, 2000.

[62] Amsden A A, Hirt C W. An arbitrary Lagrangian-Eulerian computer

program for fluid flow at all speeds[R]. Los Alamos: Los Alamos Scientific Laboratory, 1973.

[63] Pracht W E. Calculating three-dimensional fluid flows at all speeds with an Eulerian-Lagrangian computing mesh[J]. Journal of Computational Physics, 1975, 17(2): 132 - 159.

[64] Stein L R, Geatry R A, Hirt C W. Computational simulation of transient blast loading on three dimensional structures[J]. Computer Methods in Applied Mechanics and Engineering, 1977, 11(1): 57 - 74.

[65] Belytschko T, Kennedy J M. Computer models for subassembly simulation[J]. Nuclear Engineering and Design, 1978, 49(1 - 2): 17 - 38.

[66] Belytschko T, Flanagan D P, Kennedy J M. Finite element methods with user-controlled meshes for fluid-structure interaction [J]. Computer Methods in Applied Mechanics and Engineering, 1982, 33: 669 - 688.

[67] Huerta A, Liu W K. Viscous flow with large free surface motion[J]. Computer Methods in Applied Mechanics and Engineering, 1988, 69(3): 277 - 324.

[68] Navti S E, Ravindran K, Taylor C, *et al*. Finite element modeling of surface tension effects using a Lagrangian-Eulerian kinematic description [J]. Computer Methods in Applied Mechanics and Engineering, 1997, 147: 41 - 60.

[69] Hushijima S. Three-dimensional arbitrary Lagrangian-Eulerian numerical prediction method for non-linear free surface oscillation[J]. International Journal for Numerical Methods in Fluids, 1998, 26: 605 - 623.

[70] Zhou J G, Stansby P K. An arbitrary Lagrangian-Eulerian σ(ALES) model with non-hydrostatic pressure for shallow water flows [J]. Computer Methods in Applied Mechanics and Engineering, 1999, 178: 199 - 214.

[71] Braess H, Wriggers P. Arbitrary Lagrangian-Eulerian finite element

analysis of free surface flow [J]. Computer Methods in Applied Mechanics and Engineering, 2000, 190: 95 - 109.

[72] Sung J, Choi H G, Yoo J Y. Time-accurate computation of unsteady free surface flows using an ALE-segregated equal-order FEM [J]. Computer Methods in Applied Mechanics and Engineering, 2000, 190: 1425 - 1440.

[73] Souli M, Zolesio J P. Arbitrary Lagrangian-Eulerian and free surface methods in fluid mechanics [J]. Computer Methods in Applied Mechanics and Engineering, 2001, 191: 451 - 466.

[74] Rabier S, Medale M. Computation of free surface flows with a projection FEM in a moving mesh framework[J]. Computer Methods in Applied Mechanics and Engineering, 2003, 192: 4703 - 4721.

[75] Lo D C, Young D L. Arbitrary Lagrangian-Eulerian finite element analysis of free surface flow using velocity-vorticity formulation[J]. Journal of Computational Physics, 2004, 195: 175 - 201.

[76] Hughes T J R, Liu W K, Zimmermann T K. Lagrangian-Eulerian finite element formulation for incompressible viscous flows [J]. Computer Methods in Applied Mechanics and Engineering, 1981, 29: 329 - 349.

[77] Liu W K, Gvildys J. Fluid-structure interaction of tanks with an eccentric core barrel[J]. Computer Methods in Applied Mechanics and Engineering, 1986, 58(1): 51 - 77.

[78] Johnson A A, Tezduyar T E. 3D simulation of fluid-particle interactions with the number of particles reaching 100[J]. Computer Methods in Applied Mechanics and Engineering, 1997, 145(3 - 4): 301 - 321.

[79] Hu H H, Patankar N A, Zhu M Y. Direct numerical simulations of fluid-solid systems using the arbitrary Lagrangian-Eulerian techniques [J]. Journal of Computational Physis, 2001, 169: 427 - 462.

[80] Glowinski R, Pan T W, Hesla T I, *et al*. A distributed Lagrange

multiplier/fictious domain method for particulate flows[J]. International Journal of Multiphase Flow, 1999, 25: 755-794.

[81] Patankar N A, Singh P, Joseph D D, *et al*. A new formulation of the distributed Lagrange multiplier/fictitious domain method for particulate flows[J]. International Journal of Multiphase Flow, 2000, 26: 1509-1524.

[82] Potapov A V, Hunt M L, Campbell C S. Liquid-solid flows using smoothed particle hydrodynamics and the discrete element method[J]. Powder Technology, 2001, 116: 204-113.

[83] Zeghal M, Shamy U E. A continuum-discrete hydromechanical analysis of granular deposit liquefaction[J]. International Journal for Numerical and Analytical Methods in Geomechanics, 2004, 28: 1361-1381.

[84] Shamy U E, Zeghal M. A micro-mechanical investigation of the dynamic response and liquefaction of saturated granular soils[J]. Soil Dynamics and Earthquake Engineering, 2007, 27: 712-729.

[85] Zeghal M, Shamy U E. Liquefaction of saturated loose and cemented granular soils[J]. Powder Technology, 2008, 184: 254-265.

[86] Seed H B, Martin P P, Lysmer J. Pore-water pressure changes during soil liquefaction[J]. Journal of the Geotechnical Engineering Division, 1976, 102(4): 323-346.

[87] 徐志英，沈珠江. 地震液化的有效应力二维动力分析方法[J]. 河海大学学报，1981(3): 1-14.

[88] 徐志英，沈珠江. 高尾矿坝的地震液化和稳定分析[J]. 岩土工程学报，1981, 3(4): 22-32.

[89] 徐志英，沈珠江. 尾矿高堆坝地震反应的综合分析与液化计算[J]. 水利学报，1983(5): 30-39.

[90] 徐志英，周健. 土坝地震孔隙水压力产生、扩散和消散的三维动力分析[J]. 地震工程与工程振动，1985, 5(4): 57-72.

[91] 栾茂田，张晨明，王栋，等. 波浪作用下海床孔隙水压力发展过程与液化的数值分析[J]. 水利学报，2004(2): 94-100.

[92] 周健，孔戈，王绍博. 土石坝地基液化的一种解耦方法[J]. 岩土工程学报，2009，31(10)：1578－1583.

[93] Kanagalingam T. Liquefaction Resistance of Granular Mixes Based on Contact Density and Energy[D]. Buffalo：The State University of New York at Buffalo，2006.

[94] Kim S R，Hwang J I，Ko H Y，*et al*. Development of dissipation model of excess pore pressure in liquefied sandy ground[J]. Journal of Geotechnical and Geoenviromental Engineering，2009，135(4)：544－554.

[95] Martin G R，Finn W D L，Seed H B. Fundamentals of liquefaction under cyclic loading[J]. Journal of the Geotechnical Engineering Division，1975，101(5)：423－438.

[96] Byrne P A. Cyclic shear-volume coupling and pore-pressure for sand [C]// Shamsher P. Second International Conference on Recent Advances in Geotechnical Earthquake Engineering and Soil Dynamics. St. Louis，Missouri，1991：47－55.

[97] 王根龙，林玮，蔡晓光. 基于Finn本构模型的饱和砂土地震液化分析[J]. 地震工程与工程振动，2010，30(3)：178－184.

[98] Dafalias Y F. Bounding surface plasticity，Part Ⅰ：Mathematical foundation and hypoplasticity[J]. Journal of Engineering Mechanics，1986，112(9)：966－987.

[99] Wang Z L. Bounding Surface Hypo-plasticity Model for Granular Soils and Its Applications[D]. Davis：University of California Davis，1990.

[100] Wang Z L，Dafalias Y F，Shen C K. Bounding surface hypoplasticity for sand[J]. Journal of Engineering Mechanics，1990，116(5)：983－1001.

[101] Papadimitriou A G，Bouckovalas G D，Dafalias Y F. Plasticity model for sand under small and large cyclic strains[J]. Journal of Geotechnical and Geoenvironmental Engineering，2001，127(11)：973－983.

[102] Wang Z L，Makdisi F I，Egan J. Practical applications of a nonlinear approach to analysis of earthquake-induced liquefaction and deformation of

earth structures[J]. Soil Dynamics and Earthquake Engineering, 2006, 26: 231 - 252.

[103] Andrianopoulos K I, Papadimitriou A G, Bouchovalas G D. Bounding surface plasticity model for the seismic liquefaction analysis of geostructures[J]. Soil Dynamics and Earthquake Engineering, 2010, 30: 895 - 911.

[104] Sasiharan N. Mechanics of Dilatancy and Its Application to Liquefaction Problems[D]. Pullman: Washington State University, 2006.

[105] Parra E J. Numerical Modeling of Liquefaction and Lateral Ground Deformation Included Cyclic Mobility and Dilation Response in Soil Systems[D]. New York: Rensselaer Polytechnic Institute, 1996.

[106] Yang Z. Numerical Modeling of Earthquake Site Response Included Dilation and Liquefaction[D]. New York: Columbia University, 2000.

[107] Elgamal A, Yang Z, Parra E. Computational modeling of cyclic mobility and post-liquefaction site response[J]. Soil Dynamics and Earthquake Engineering, 2002, 22: 259 - 271.

[108] Yang Z, Elgamal A, Parra E. Computational model for cyclic mobility and associated shear deformation [J]. Journal of Geotechnical and Geoenvironmental Engineering, 2003, 129(12): 1119 - 1127.

[109] Chakrabortty P. Seismic Liquefaction of Heterogeneous Soil: Mechanism and Effects on Structural Response [D]. St John's: Memorial University of Newfoundland, 2008.

[110] Zienkiewicz O C, Leung K, Pastor M. Simple model for transient soil loading in earthquake analysis, Part Ⅰ: Basic model and its application[J]. International Journal for Numerical and Analytical Methods in Geomechnics, 1985, 9(5): 453 - 476.

[111] Pastor M, Zienkiewicz O C, Leung K H. Simple model for transient soil loading in earthquake analysis, Part Ⅱ: Non-associateive models for sands[J]. International Journal for Numerical and Analytical Methods in Geomechanics, 1985, 9(5): 477 - 498.

[112] Ling H I, Liu H. Pressure-level dependency and densification behavior of sand through generalized plasticity model[J]. Journal of Engineering Mechanics, 2003, 129(8): 851－860.

[113] Ling H I, Yang S. Unified sand model based on the critical state and generalized plasticity[J]. Journal of Geotechnical and Geoenvironmental Engineering, 2008, 134(7): 949－959.

[114] Oka F, Yashima A, Tateishi A, *et al*. A cyclic elasto-plastic constitutive model for sand considering a plastic-strain dependence of the shear modulus[J]. Geotechnique, 1999, 49(5): 661－680.

[115] Yuan D, Sato T. A practical numerical method for large strain liquefaction analysis of saturated soils [J]. Soil Dynamics and Earthquake Engineering, 2004, 24: 251－260.

[116] Anandarajah A. Modeling liquefaction by a multimechanism model [J]. Journal of Geotechnical and Geoenvironmental Engineering, 2008, 134(7): 949－959.

[117] 沈珠江. 砂土液化分析的散粒体模型[J]. 岩土工程学报, 1999, 21(6): 742－748.

[118] 张建民, 王刚. 砂土液化后大变形的机理[J]. 岩土工程学报, 2006, 28(7): 835－840.

[119] 王刚, 张建民. 砂土液化大变形的弹塑性循环本构模型[J]. 岩土工程学报, 2009, 29(1): 51－59.

[120] 王刚, 张建民. 砂土液化变形的数值模拟[J]. 岩土工程学报, 2007, 29(3): 403－409.

[121] 庄海洋, 龙慧, 陈国兴, 等. 可液化地基中地铁车站周围场地地震反映分析[J]. 岩土工程学报, 2012, 34(1): 81－88.

[122] 刘华北, 宋二祥. 可液化土中地铁结构的地震响应[J]. 岩土力学, 2005, 26(3): 381－391.

[123] 刘华北, 宋二祥. 饱和可液化土中地下结构在震后固结中的响应[J]. 岩土力学, 2007, 28(4): 705－710.

[124] 刘光磊, 宋二祥, 刘华北. 可液化地层中地铁隧道地震响应数值模拟

及其试验验证[J]. 岩土工程学报，2007，29(12)：1815－1822.

[125] 英颖，唐小微，栾茂田，等. 土坝的地震响应及液化无网格法分析[J]. 水利学报，2009，40(4)：506－512.

[126] 英颖，唐小微，栾茂田. 砂土液化变形的有限元-无网格耦合方法[J]. 岩土力学，2010，31(8)：2643－2654.

[127] Ng T T，Dobry R. Numerical simulation of monotonic and cyclic loading of granular soil[J]. Journal of Geotechnical Engineering，1994，120(2)：388－403.

[128] Sitharam T G. Discrete element modeling of cyclic behaviour of granular materials[J]. Geotechnical and Geological Engineering，2003，21：297－329.

[129] 周健，史旦达，贾敏才，等. 循环加荷条件下饱和砂土液化细观数值模拟[J]. 水利学报，2007，38(6)：697－703.

[130] 史旦达，周健，刘文白，等. 循环荷载作用下砂土液化特性的非圆颗粒数值模拟[J]. 水利学报，2008，39(9)：1074－1082.

[131] 周健，杨永香，刘洋，等. 循环荷载下砂土液化特性颗粒流数值模拟[J]. 岩土力学，2009，30(4)：1083－1088.

[132] 刘洋，周健，付建新. 饱和砂土流固耦合细观数值模型及其在液化分析中的应用[J]. 水利学报，2009，40(2)：250－256.

[133] Cundall P A. PFC user manual[M]. Minneapolis，Minnesota：Itasca Consulting Group Inc，2004.

[134] 姜朴. 现代土工测量技术[M]. 北京：中国水利水电出版社，1996.

[135] Drnevich V P，Richart F E. Dynamic prestraining of dry sand[J]. Journal of the Soil Mechanics and Foundation Division，1970，96(SM2)：453－468.

[136] Alarcon-Guzman A，Chameau J L，Leonards G A，*et al*. Shear modulus and cyclic undrained behavior of sands[J]. Soils and Foundations，1989，29(4)：105－119.

[137] Lo Presti D C F，Pallara O，Lancellotta R，*et al*. Monotonic and cyclic loading behaviour of two sands at small strains[J].

Geotechnical Testing Journal，1993，16(4)：409－424.

[138] Wichtmann T，Triantafyllidis T. Influence of a cyclic and dynamic loading history on dynamic properties of dry sand，Part Ⅰ：Cyclic and dynamic torsional prestraining[J]. Soil Dynamics and Earthquake Engineering，2004，24：127－147.

[139] Wichtmann T，Triantafyllidis T. Influence of a cyclic and dynamic loading history on dynamic properties of dry sand，Part Ⅱ：Cyclic axial preloading[J]. Soil Dynamics and Earthquake Engineering，2004，24：789－803.

[140] Li X S. Laboratory Determination of Shear Modulus and Damping of Soils Using a Microcomputer Based Instrumentation System[D]. Davis：University of California Davis，1982.

[141] Shen C K，Li X S，Gu Y Z. Microcomputer based free torsional vibration test[J]. Journal of Geotechnical Engineering，1985，111(8)：971－986.

[142] Li X S，Yang W L. Effects of vibration history on modulus and damping of dry sand[J]. Journal of Geoenvironmental Engineering，1998，124(11)：1071－1081.

[143] Li X S，Cai Z Y. Effects of low-number previbration cycles on dynamic properties of dry sand[J]. Journal of Geotechnical and Geoenvironmental Engineering，1999，125(11)：979－987.

[144] 顾尧章，李相崧，沈智刚. 土动力学中的自振柱试验[J]. 土木工程学报，1984，17(2)：39－47.

[145] 皱泾湘. 结构动力学[M]. 哈尔滨：哈尔滨工业大学出版社，1996.

[146] Degrande G，Clouteau D，Othman R，*et al*，A numerical model for ground-borne vibrations from underground railway traffic based on a periodic finite element-boundary element formulation[J]. Journal of Sound and Vibration，2006，293(3)：645－666.

[147] 刘维宁，夏禾，郭文军. 地铁列车振动的环境响应[J]. 岩石力学与工程学报，1996，15(增刊)：586－593.

[148] 董亮，赵成刚，蔡德钩，等. 高速铁路路基的动力响应分析方法[J].

工程力学，2008，25(11)：231－240.

[149] 白冰，李春风. 地铁列车振动作用下近距离平行隧道的弹塑性动力响应[J]. 岩土力学，2009，30(1)：123－128.

[150] Cundall P A. FLAC User Manual[M]. Minneapolis：Itasca Consulting Group Inc，1998.

[151] 徐稼轩，郑铁生. 结构动力分析的数值方法[M]. 西安：西安交通大学出版社，1993.

[152] Hutton D. Fundamentals of Finite Element Analysis[M]. New York：McGraw-Hill，2004.

[153] Huo H，Bobeta A，Ferandez G，*et al*. Seismic evaluation of the failure of the Daikai Station during the Kobe earthquake[C]// Doolin D，Kammerer A，Nogami T，*et al*. The 3rd International Conference on Earthquake Geotechnical Engineering. University of California，Berkeley，California，2004：758－765.

[154] Iida H，Hiroto T，Yoshida A N，*et al*. Damage to Daikai Subway Station[J]. Soils and Foundations，1996(Special)：283－300.

[155] 王瑞民，罗奇峰. 阪神地震中地下结构和隧道的破坏现象浅析[J]. 灾害学，1998，13(2)：63－66.

[156] 曹炳政，罗奇峰，马硕，等. 神户大开地铁车站的地震反应分析[J]. 地震工程与工程振动，2002，22(4)：102－107.

[157] 庄海洋，程绍革，陈国兴. 阪神地震中大开地铁车站震害机制数值仿真分析[J]. 岩土力学，2008，29(1)：245－250.

[158] Bouillard J X，Lyczkowski R W，Gidaspow D. Porosity distributions in a fluidized bed with an immersed obstacle[J]. AIChE Journal，1989，35(6)：908－922.

[159] Nithiarasu P. An arbitrary Lagrangian-Eulerian (ALE) formulation for free surface flows using the characteristic-based split (CBS) scheme[J]. International Journal for Numerical Methods in Fluids，2005，48：1415－1428.

[160] Bryson A E，Ho Y C. Applied Optimal Control[M]. Washington，

DC：Hemisphere Publishing Corporation，1975.
[161] Andreas W，Gerald W. Suboptimal control for the nonlinear quadratic regulator problem[J]. Automatica，1975，11：75－84.
[162] Xin M. A New Method for Suboptimal Control of a Class of Nonlinear Systems[D]. Rolla：University of Missouri-Rolla，2002.
[163] Beard R W，Saridis G N，Wen J T. Galerkin approximation of the generalized Hamilton-Jacobi-Bellman equation[J]. Automatica，1997，33(12)：2159－2177.
[164] Westman J J. Computational Linear and Nonlinear Stochastic Optimal Control with Applications[D]. Arlington：The University of Texas at Arlington，1998.
[165] Chandeok P. The Hamilton-Jacobi Theory for Solving Optimal Feedback Control Problems with General Boundary Conditions[D]. Ann Arbor：University of Michigan，2006.
[166] Vrabie D. Online Adaptive Optimal Control for Continuous-Time Systems [D]. Arlington：The University of Texas at Arlington，2009.
[167] Murad A K，Fank L. Nearly optimal control laws for nonlinear systems with saturating actuators using a neural network HJB approach[J]. Automatica，2005，41(5)：779－791.
[168] Cheng T. Neural Network Solution for Fixed-Final Time Optimal Control of Nonlinear Systems[D]. Arlington：The University of Texas at Arlington，2006.
[169] Asma A A T. Discrete-Time Control Algorithms and Adaptive Intelligent Systems Designs[D]. Arlington：The University of Texas at Arlington，2007.
[170] Dupree K. Optimal Control of Uncertain Euler-Lagrange Systems [D]. Gainesville：University of Florida，2009.
[171] Miroslav K，Panagiotis T. Inverse optimality results for the attitude motion of a rigid spacecraft[C]// IEEE Industry Applications Society. Proceedings of the American Control Conference. Albuquerque，NM，

1997：1884－1888.

[172] Liu Z. Inverse Optimal Control for Dynamic Neural Networks (DNN) with Application to Control Design for a Class of Nonlinear Systems [D]. Carbondale：Southern Illinois University Carbondale，2005.

[173] Seed H B，Lee K L. Liquefaction of saturated sands during cyclic loading[J]. Journal of the Soil Mechanics and Foundations Division，ASCE，1966，92(SM6)：105－134.

[174] Ishihara K，Tatsuoka K，Yasuda S. Undrained deformation and liquefaction of sand under cyclic stresses[J]. Soils and Foundations，1975，15(1)：29－44.

[175] Mulilis J P，Seed H B，Chan C K，*et al*. Effects of sample preparation on sand liquefaction [J]. Journal of Geotechnical Engineering Division，ASCE，1977，103(GT2)：91－108.

[176] Ergun S. Fluid flow through packed columns [J]. Chemical Engineering Progress，1952，48(2)：89－94.

[177] Wen C Y，Yu Y H. Mechanics of fluidization [J]. Chemical Engineering Progress Symposium Series，1966，62：100－111.

[178] 张刚. 管涌现象细观机理的模型试验与颗粒流数值模拟研究[D]. 上海：同济大学，2007.

[179] Helland E，Occelli R，Tadrist L. Numerical study of cluster and particle rebound effects in a circulating fluidised bed[J]. Chemical Engineering Science，2005，60(1)：27－40.

[180] Jie O，Li J. Particle-motion-resolved discrete model for simulating gas-solid fluidization[J]. Chemical Engineering Science，1999，54(13－14)：2077－2083.

[181] Hoomans B P B，Kuipers J A M，Briels W J，*et al*. Discrete particle simulation of bubble and slug formation in a two-dimensional gas-fluidised bed：A hard-sphere approach [J]. Chemical Engineering Science，1996，51(1)：99－118.

[182] Bierawski L G，Maeno S. DEM-FEM model of hightly saturated soil

motion due to seepage force[J]. Journal of Waterway, Port, Coastal and Ocean Engineering, 2006, 132(5): 401 - 409.

[183] Ling H I, Mohri Y, Kawabata T, *et al*. Centrifuge modeling of seismic behavior of large-diameter pipe in liquefiable soil[J]. Journal of Geotechnical and Geoenvironmental Engineering, 2003, 129(12): 1092 - 1101.

[184] Arulmoli K, Muraleetharan K K, Hossain M M, *et al*. VELACS verification of liquefaction analysis by centrifuge studies laboratory testing program soil data report[R]. The Earth Technology Corporation, Irvine, CA, 1992.

索　　引

（以汉语拼音为序）